U0118325

Total solutions
for private funds

虛擬貨幣基金
必讀手冊

任亮憲 Edward Yum

- AYASA Globo 創辦人兼董事總經理
- APLUS Investments 創辦人
- Ever Fountain Asset Management 股東
- Global Compliance Company 董事
- GreenPro Trust 股東兼董事
- 3R Consulting Limited 股東兼董事
- 8120.hk 獨立非執行董事

AYASA Globo
Financial Services

　　任亮憲先生畢業於美國伊利諾伊香檳大學（University of Illinois at Urbana-Champaign），於基金及信託相關行業擁有超過20年的專業經驗；曾受聘於美國及香港知名銀行及金融機構，包括：匯豐銀行、蒙特利爾銀行、高寶銀行、恒生銀行以及Old Second National Bank等，協助客戶設立高達數十億美元的信託和基金。任先生持有財務策劃師學會頒發之「專業財務策劃師」資格，及「私人銀行家資格認證」（Certified Private Banker）資格認證。任先生同時為特許財富管理行業協會的創會成員。任先生還獲頒受南加州大學美中學院的「公司管治：法規注意事項和影響」課程證書。

　　任先生亦於香港浸會大學出任碩士課程的客席講師，主講「基金管治」。同時於香港城市大學成立了兩個獎學金，「任亮憲經濟及金融優異生獎學金」獎勵成績及品行優異的經濟及金融系本科學生；而「任亮憲國際服務學習獎」則鼓勵商學院學生積極參與海外義工服務。

目錄
CONTENTS

頭條日報
HEADLINE DAILY

出　　版：頭條日報
地　　址：香港新界將軍澳工業邨駿昌街七號
　　　　　星島新聞集團大廈八樓
作　　者：任亮憲
美　　術：《頭條日報》Creative Services Team
圖　　片：星島圖片庫、作者提供
印　　刷：JJ Printing Ltd.
出版日期：二〇二二年三月
ISBN：978-962-348-510-4

引言：《虛擬貨幣基金必讀手冊》- 任亮憲

虛擬貨幣的熱潮火熱蓬勃，作為個人投資者，想把握時下最爆最紅的虛擬貨幣投資，但又怕自己難以掌握這種風險高回報高的金融商品，情況確實像金句王——黎明所説的一樣「左手又係肉，手背又係肉」！

投資市場本來就風高浪急、變幻莫測，能夠明哲保身「不損手」已非易事，如今再加入高端科技元素的虛擬貨幣，相信投資賺錢定必變得更複雜更艱難。

在沒有充分認知及了解下，個人投資者應付不來，該如何是好？

2020及2021年全球面臨肺炎病毒席捲而襲，在世界各地人民積極抗疫之同時，隨著網絡經濟及電子科技的迅速崛起。根據美國國家廣播財經頻道（CNBC）於2021年5月發表的一段報導，全球投資於虛擬貨幣的總額達2萬億美元，對比起已有千年交易歷史的黃金（約12萬億美元）可謂不太失禮。2萬億美元是什麼概念？2萬億美元等於全球貨幣供應量約5%，亦等同於巴西全國人口一年的GDP，而世界上只有7個國家比巴西多！

美資高盛Goldman Sachs及大摩Morgan Stanley、英資巴克萊Barclays及各地著名的投資銀行紛紛表態支持虛擬貨幣交易。除此之外，於1851年創立、具170年保險及財富管理經驗、每年營業額約300億美元的MassMutual亦於2020年12月宣布投資了一億美金的比特幣（Bitcoin）；Tesla及SpaceX創辦人Elon Musk旗下公司亦擁有超過10億美元的Bitcoin。

虛擬貨幣「鼻祖」Bitcoin，其價格由2020年10月時的1萬多美元飆升至2021年4月時的6萬多美元，於半年內足足升了6倍！雖然往後數月出現明顯調整及大幅波動，到2021年8月只徘徊於4萬美元左右，而10月則升了2%，創下65607.92的新高，打破了4月的記錄。加上，全球首檔Bitcoin ETF上市，更是大力推動了價格達歷史新高一度接近67000美元！2022年1月10日，美元價值上漲，比特幣刷新2021年8月以來最低的水平，在24小時內下跌4.6%，價格介乎約39700至40000美元之間。2月，有人猜測虛擬貨幣和美國科技股因關係密切而影響到虛擬貨幣價格上升，特別是在國際電商龍頭亞馬遜（Amazon）公布的成績甚佳，使科技股重新獲得眾人的信心，比特幣的每枚的波幅介乎於3.7萬至接近4.2萬美元，漲幅急升逾10%。其後，俄羅斯向烏克蘭採取軍事行動，戰爭嚴重影響市場，比特幣也難以倖免。根據Coindesk數據顯示，在2月24日上午，比特幣最高價維

持於36000至37000美元之間，在普京宣布開戰後比特幣急跌至最低34338美元。3月，各國對俄羅斯發出譴責及進行經濟制裁，盧布貶值。資深投資者墨比爾斯表示俄羅斯資金轉移的管道都被關閉了，虛擬貨幣成為了目前可行的方式，比特幣在俄羅斯人瘋狂買入的舉動之下，價格又反彈站穩40000美元。過去兩年來Bitcoin所經歷的「過山車」走勢，瞬即成為眾人茶餘飯後的話題。

原本虛擬貨幣只屬少數人（或IT人）的玩意，這兩年卻惹來投資業界甚至超級富豪的高度關注。世界首富Elon Musk多次對Bitcoin（及其他虛擬貨幣）發表「真知灼見」，而他的一言一語每次都對虛擬貨幣價格造成極大影響，曾經一夜間令Bitcoin跌了近萬美元！

價格大幅波動加上市場認知不足（新資產類別及新科技概念），虛擬貨幣觸發了各國政府及其監管機構的「嚴肅處理」，態度「越收越緊」。

英國金融行為監管局Financial Conduct Authority（FCA）於2021年6月宣布禁止全球最大虛擬貨幣交易商Binance在英國營運並且不允許進行任何「受監管活動」（Regulated Activities），象徵着英國政府掀起新一輪對虛擬貨幣交易的「鐵腕政策」；2021年8月南韓政府轄下的Financial Services Commission（FSC）亦緊急勒令11間虛擬貨幣交易商立即停業，9月起所有其他有意於南韓境內的虛擬貨幣交易商必須與當地銀行合營並預先取得政府批准方可存在；中國大陸於2021較早時嚴厲打擊"掘礦"，中國人民銀行旗下部門於5月發出"防範虛擬貨幣炒作風險的通告"，其後再次於9月發出《關於進一步防範和處置虛擬貨幣交易炒作風險的通知》，嚴令禁止虛擬貨幣交易。

市場普遍認為，陸陸續續會有更多政府及監管機構制定類似政策，甚至直接禁止使用或買賣虛擬貨幣。換言之，政策風險對虛擬貨幣的潛在打擊絕對不容忽視，多國之所以多次打擊虛擬貨幣市場，正正說明了虛擬貨幣的價值及需求之大！

香港乃世界金融中心之一，投資方面的專才多不勝數，各資產類別都能找到富經驗、具表現的基金經理代為效勞。或許一般人會較難有信心完全掌握虛擬貨幣的整體運作，但其實也不用想得太複雜，正所謂「高手在民間、大師於書內」！既然目標是希望利用虛擬貨幣投資賺錢，最簡單直接的方法便是請人代勞，請教專業！

虛擬貨幣基金
必讀手冊

第1章：虛擬貨幣的背景與發展

7. 虛擬貨幣的歷史及如何興起

　　虛擬貨幣（Cryptocurrency）是一種新興的虛擬商品，市場上又稱為數字貨幣、密碼貨幣、加密貨幣，是電腦程式演算出來的複雜電子密碼，只能以電子方式交易傳送，這技術使偽造或雙重花費（Double Spending）幾乎微乎其微。

　　虛擬貨幣使用安全密碼學記錄在分佈式賬本上，不由司法機關或其他方簽發，不會產生持有人與另一方之間的合約，是為了給持有者提供對商品、服務或某些相關實體資產的其他權利而發行的。然而，虛擬貨幣一般是限量的屬性，因此暫時未能被國際財務報告準則認可，未來是否可以被視為現金或流通貨幣還有待發展。

　　很多公司或企業會發行自己的虛擬貨幣，一般稱為代幣（Token），可用於購買該公司相關的商品或服務，就像是遊樂園或主題公園使用的代幣或賭場的籌碼。虛擬貨幣是基於區塊鏈技術（Blockchain）的去中心化網絡（Decentralization）—— 一種由不同計算機網絡強制執行的分佈式賬本運作。

虛擬貨幣交易所
Coinbase：

　　Coinbase於2012年創立，2021年4月正式在納斯達克交易所上市，是首家在美國上市的虛擬貨幣交易所，期望用戶能夠輕鬆、自由地交易虛擬貨幣並提高交易效率，讓虛擬貨幣市場更加活躍。根據香港經濟日報於2021年4月10日的報導，Coinbase向美國證監會SEC所提交的S-1文件，公司主要收入來自虛擬貨幣交易業務（Transaction Revenue），即是虛擬貨幣交易時所收取的佣金及保證金費用。虛擬貨幣交易業務去年年度收入為10.96億美元，按年升1.37倍，佔Coinbase去年總收入85.8%。其中，交易業務收入主要為

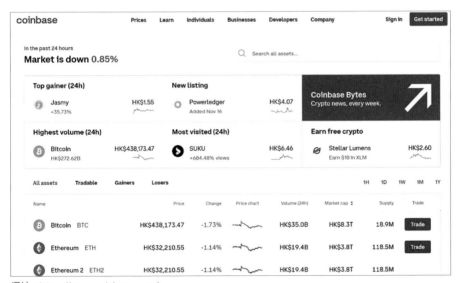

網址：https://www.coinbase.com/

Bitcoin和以太幣（ETH）交易。截至去年12月底，兩項幣種共佔平台總交易量56%。由此可見，Coinbase的業務擴展取決於Bitcoin和ETH的升幅和跌幅。

根據2021年3月的數據顯示，Coinbase的用戶達到5600萬。許多新用戶未必看得懂複雜的K線圖，所以新手使用Coinbase的界面會比使用Coinbase Pro更容易上手，Coinbase亦提供各種使用教學，發送免費代幣鼓勵用戶參與投資。同時，Coinbase的交易重點在於買賣、接受發送及儲存貨幣，沒有太多複雜的虛擬商品，缺點是手續費較高，提供的幣種共44種，比Coinbase Pro少3種，而用戶的私鑰是保存在集中交換機，不能自己保存。

Binance：

至於海外的虛擬貨幣交易所，Binance非常受大眾歡迎。除了Binance，還有日本的Quoine（可以進行港幣交易並提供港幣存款）、紐約的Gemini（只接受美元交易及存款，並專門做大宗交易）和斯洛文尼亞的Bitsmap（接受美元與歐元的存款和提款）。

Binance於2017年在中國成立，名字由"Binary"和"Finance"合併而成。創辦人名為趙長鵬，是一位加拿大華裔工程師。2017年9月，中國嚴格管制虛擬貨幣交易，

Binance便把總部遷移到日本。但是，日本對虛擬貨幣的監管也嚴謹非常，無可奈何之下，Binance又把總部遷移至對虛擬貨幣相對友善的馬爾他共和國。2020年7月，Binance收購了Swipe（SXP），開通SXP/BNB、SXP/BTC、SXP/BUSD交易市場，並在歐洲推出Binance Visa Debit Card，其後成立Binance Charity，於疫情期間，澳洲山火眾籌超過900萬美元。Binance現在是全球虛擬貨幣交易量最高的貨幣交易所，一天內的交易量可高達188億美元！它的優點是流動性高，手續費低，就算使用信用卡直接在網站上購入虛擬貨幣會有一點點溢價，賣出買入的速度還是讓用戶很滿意的，而且它支援多種虛擬貨幣及提供ICO。缺點是客服支援偏弱，目前還沒有電話客服。

自從中國於2021年9月24日發出《關於進一步防范和處置虛擬貨幣交易炒作風險的通知》引發"幣圈逃亡潮"，不少投資者發現各大銀行的信用卡無法在Binance上過戶，眾多虛擬貨幣的平台也宣告暫時停止與香港地區的交易服務，騰訊旗下證券商富途甚至叫停香港用戶不要再開新倉交易。然而，懂得C2C交易（Customer-to-Customer）還是能在Binance上進行交易。C2C是由個人或公司企業獨立經營的找換店，只收賣家的廣告費用。買家只要在C2C平台上找些信譽評分高的平台，轉賬/過戶後通知該找換店，一般十五分鐘內便能將虛擬貨幣轉給買家。鑑於C2C是私人場外交易，安

全性必然受重點關注。C2C的商戶必須通過KYC（Know Your Customer）的身份驗證程序，驗證成功後才能通過Binance的認證在平台上交易虛擬貨幣。

Binance主要的安全性問題不在於虛擬貨幣的高風險投資，是在於區塊鏈的技術、用戶的個人資訊或資產會否被駭客入侵或盜竊。2017年7月，Binance發生了釣魚攻擊事件，總值約4161萬美元的7074枚Bitcoin同時被盜竊轉賬到同一賬戶。為了防止再有同樣事情發生，Binance使用CCSS（Cryptocurrency安全標準）和SAFU（用戶安全資產基金）保護用戶，並要求用戶在註冊賬戶時設置2FA（雙重驗證），提款、交易和登錄時都將發送驗證碼。SAFU是一種儲備及保護基金，資金來自Binance所有交易費用的10%，並存放於獨立地址。當賬戶被駭客入侵或非用戶本人造成資產損失時，Binance會從SAFU儲備基金中取出資金實施用戶全額先行賠款。

如何在Binance開戶並進行KYC雙重驗證？

首先，準備個人電子郵箱（配以高安全性的密碼）及手機號碼以接收Binance發送的安全驗證碼，必須收到電子郵箱及手機驗證碼才能完成驗證。點擊"註冊"後完成拼圖驗證

碼，註冊完成後，前往用戶中心。用戶點選手機驗證碼後，再點選Google驗證碼加強賬戶安全。新用戶每24小時的最高提額為2個Bitcoin，必須進行KYC驗證才可以增加貨幣提額或入金額度。

在Binance網頁點選"身份認證"，進入"基本認證"的畫面後點選"驗證"，選擇用戶的所屬國家/城市並填寫個人資料（姓名必須以英文填寫）。點擊"開始"進行驗證，然後上傳用戶的護照/身份證明文件/身份證之中的其中一樣，再上傳自己的照片，進行拍照識別認證（必須使用Binance的應用程式才能掃二維碼）。雙重認證後用戶每24小時的提額會增至100個Bitcoin及提升入金額度。

至於Coinbase更新其KYC要求提供銀行對賬單，用戶的評價是：「比聯邦調查局和美國國稅局加起來還要糟糕。」主要原因是用戶發現在Coinbase上使用Bitcoin進行操作時，一系列的要求跟銀行太過相似。市場分析公司Messari的研究員Mira Christanto在Twitter指責Coinbase KYC政策的更新，至少要從三個月前開始要求銀行提供賬戶報表。它還被要求解釋加密貨幣交易何時開始、由此產生了多少利潤等等，Mira Christanto表示：「相當過分。受監管實體可能只需要銀行對賬單，不需要資金證明，也沒有關於你何時進入加密貨幣市場或你的財富如何增加的解釋。除了你提交的身份證件之外，你無需添加你擁有的其他護照（如果有）的數量。」

Bitcoin的起源

在眾多虛擬貨幣中，Bitcoin擁有最高的知名度，也是虛擬貨幣的始祖。在美國多間企業購入Bitcoin後，眾多金融機構也開始採用這個新的金融模式，推出了虛擬貨幣的Visa簽帳卡。

Bitcoin由一位名為中本聰（Satoshi Nakamoto）的神秘人所創造，他自稱是日裔美國人，但至今真實身份尚未有人知道。儘管有學者想借着中本聰發佈過的文章推斷出他到底是誰，也終歸是沒有足夠證據證明誰是中本聰本人。

中本聰在2008年發佈了《比特幣：一種點對點式的電子現金系統》的論文，2009年發佈Bitcoin-Q（首個Bitcoin軟體），進行了首次「掘礦」（Mining）並獲得了首五十個Bitcoin，正式啟動了Bitcoin金融系統。掘礦是一種通過使用計算機完成的收集及記錄保存服務。「礦工」（Miners）通過反復將新的交易進行分組上傳到一個區塊中，後將其上傳到網絡並由其他電腦進行驗證，從而保持區塊鏈的一致性、完整性和不可竄改的特性。而且，區塊鏈網絡允許成功找到新區塊的"礦工"以新創建的Bitcoin和交易費用作為獎勵。

Bitcoin協議規定：大約每四年，掘礦的數量會差不多達到21萬個區塊。之後，新增區塊的獎勵就會減半。最終獎勵將減少到零，礦工將僅通過交易費用來獲得獎勵，預計將於2040年甚至更早便達到2100萬個Bitcoin的上限。現時新的

Bitcoin以可預測且逐減的速度產生,這意味著需求必須依照這一通脹水平來保持價格穩定。

除了Bitcoin,其他的虛擬貨幣一般稱為競爭幣(Altcoin),包括大家都耳熟能詳的以太幣(ETH)、瑞波幣(XRP/Ripple)、萊特幣(LTC/Litecoin)、狗狗幣(DOGE/Dogecoin)、波卡幣(DOT/Polkadot)等等。截至2021年6月24日,Bitcoin市值排名第一,達6290億美元;ETH市值排名第二,達2270億美元;泰達幣(USDT)市值排名第三,達630億美元;幣安幣(BNB)市值排名第四,達470美元;艾達幣(ADA)市值排名第五,達430億美元。

以太坊(Ethereum):

Ethereum是執行智慧合約的去中心化平台。至今,世界上能創造區塊鏈的人大約是2000多人,但目前全世界的人口接近80億,可想而知創造區塊鏈的難度十分之高,亦因為首個創造出來的區塊鏈Bitcoin過份完美而被傳言是由未來人/外型人創造。為了讓創造虛擬貨幣的成本降低,一群人創造了Ethereum,概念由程式設計師維塔利克·布特林(Vitalik Buterin/V神)受比特幣啟發後在2013至2014年提出。以太坊的機制已把基礎都寫好,只需輸入貨幣的數量、名稱以及手續費便就可以創造出新的貨幣。假如沒有Ethereum的話,NFT也不會出現,因為NFT也是建基於Ethereum的技術。當

NFT能充分應用這個技術，也間接幫助了Ethereum的發展。

應用舉例：以往購買房子，買家需要過戶公證人或律師等第三者介入，手續費十分昂貴。若使用Ethereum，買家只需使用編程代碼以及雙方滿足於所提出的所有條件，便可以跟賣家直接跨過第三方介入，地點對點交易。這個技術也消除了因部分系統讓整體癱瘓或被控制的機率，也用去中心化的技術向全球網路募資。

LTC：

根據LTC的官網説法：〝萊特幣是一個點對點的網際網路數位貨幣，提供全球每一個人快速且零成本的付款機制〞。LTC的創辦人Charlie Lee根據Bitcoin的開源碼開創LTC，目的是更加優化Bitcoin一些交易規模上的小弊處，例如縮短交易時間（Bitcoin的交易確認需時10分鐘，而LTC只需2.5分鐘）和掘礦演算法。另一個LTC與Bitcoin的差異就是LTC的創始人是一個真實存在的人，並且活躍於虛擬貨幣世界中領導網絡社群，但Bitcoin的創始人不但身份不明，還在創建Bitcoin後消失得無影無踪。

XRP：

由美國科技公司Ripple Labs於2011年開發，目標是成為傳統銀行與虛擬貨幣交易所之間的橋樑及各種虛擬貨幣之間

的匯兌平台,專用於國際支付轉賬的領域(幾秒便可完成一單交易),交易手續費較金融國際機構或其他虛擬貨幣低,總數量為1000億,其中500億歸XRP實驗室所有。

比特幣自動櫃員機 Bitcoin ATM

要購買Bitcoin,使用Bitcoin ATM無疑是最省時便捷的。以下是某些香港Bitcoin營運商:CoinHere,CoinUnited,HK Bitcoin ATM,Kernal ATM,NitroSwap。

其中CoinHere暫時在香港33個地方均設有Bitcoin ATM。CoinUnited佔54.5%,HK Bitcoin ATM佔15.1%,NitroSwap佔24.2%,而Kernal ATM只佔3%。

根據香港比特幣協會的官方網站提醒: "ATM一般只接受港幣,有的更要求首張紙幣面額為港幣500元或以上。香港目前有超過100台比特幣ATM,而且它們的位置經常轉變,可以透過Coin ATM Radar找到香港比特幣ATM及其運營商的最新地圖"。

使用Bitcoin ATM的步驟:

1. 確認你已經準備好要兌換的銀碼
2. 在自動櫃員機上顯示個人Bitcoin地址的二維碼
3. 放入鈔票
4. 核實Bitcoin的匯率

整個兌換程序是不記名的，時長不到30秒，弊處是手續費高昂，費用可能高達8%。

Bitcoin的價格圖表：

2008年，美國次級房貸危機演變出金融海嘯，美元的影響力危及了全世界的交易。因此，虛擬貨幣的出現就是希望

貨幣不再單一受制於國家的經濟和政策的影響，並為金融界帶來衝擊性的改變！虛擬貨幣在近幾年從只有技術愛好者的局限性利基市場開托成新的資產類別，期待未來能流動於主流金融市場，但由於欠缺實體經濟的支持，價格極容易大幅波動。2010年5月，Bitcoin進行了第一次公開交易，以10000個Bitcoin購買了兩塊披薩，當時10000個Bitcoin的價格不到40美元，在短短十年間，這"兩塊披薩"的花費卻接近4億美元！2021年，Bitcoin由市值跌破3萬美元到超過4萬美元，上漲了超過40%，其最高的價值突破了6億美元，它的升跌幅太大，一個月內浮動超過100%都有可能。對於利用虛擬貨幣賺錢的投資者來說，還是非常吸引的，只是許多個人投資者未能夠完全掌握虛擬貨幣的專業知識做出精確判斷，停留在蠢蠢欲試的階段。

虛擬貨幣的分類

虛擬貨幣可以粗分為三種。

第一種是單向兌換，可用法定貨幣（法幣）兌換成虛擬代幣，如元宇宙（Metaverse）和網絡遊戲、"斗羅大陸"、"Puzzle & Dragons"、"Minecraft" 等等以及各種遊戲的點數。第二種也是單向兌換，但不限於兌換真實世界的商品或服務，例如商店以累計點數形式讓消費者兌換特定商品或

升級服務體驗，包括超級市場、咖啡店、餐廳、航空公司的飛行里數等等。比起第一種只能在虛擬環境中使用的虛擬貨幣靈活彈性一些。第三種是跟"真實"貨幣相類似的雙向兌換虛擬貨幣，有「買入價」和「賣出價」，如Bitcoin和林登幣（Linden Dollars）。

　　虛擬貨幣與法幣的分別在於，法幣是由各國政府發行（中央銀行）及控制，價值由市場和法規而定，擁有者可以自己持有，且政府有權利視乎需求地無限量發行。相反，虛擬貨幣由電腦所產生，透過密碼學的原理確保交易的安全性和控制交易單位的建立，不受政府或任何機構控制（避免中央銀行的政策或人為干擾造成通貨膨脹緊縮），不需像支付寶或微信轉賬要先經過中介處理平台。虛擬貨幣是點對點轉賬的，價值由社區共識（Community Consensus）而定，且限量發行。

　　虛擬貨幣的價值如何由社區共識而定？在某時間點上，買家提出以3萬美元交易，那3萬元美金就會被看成當時的市價。虛擬貨幣不受監管，大部分利益都是投機取向，當有人願意以高成本交易虛擬貨幣，賣家又能夠與買家達成共識，市場的成交價就會越炒越高。把價炒得越高，市場就會越動盪！當虛擬貨幣的需求增加時，價格就會上漲；當虛擬貨幣需求下降時，價格就會下跌，可見價格完全是以供應與需求而定。

目前虛擬貨幣之間的交易很便利，成本亦低，但虛擬貨幣和法幣兩者之間的兌換成本就較高了。聰明人不會把法幣與虛擬貨幣活躍兌換，但若真要這樣做的話，穩定幣（StableCoins）會是一個相當不錯的資金停泊工具。

常見的穩定幣有USDT、USDC、BUSD、PAX和DAI等等，是虛擬貨幣的避險資產，有跨境匯款的作用，穩定幣能模擬法幣的價值，也能快速交易或轉移資產，與黃金/虛擬貨幣掛鈎（有建立連繫或關連），也與某些法幣1：1掛鈎，如美元和歐元等，發行的人需要擁有與發行量一樣的掛鈎貨幣存款數值。

USDT是Tether推出基於穩定價值貨幣美元的代幣Tether USD，專門設計於建立法幣和虛擬貨幣之間的橋樑，並為用戶提供穩定性、透明度和最低的交易費用。它與美元掛鈎，1USDT：1美元。但是，Tether Ltd.不提供任何贖回或交換USDT為真錢的權利，即USDT不能兌換成美元。在《Tether白皮書：比特幣區塊鏈上的法定貨幣》中，Tether定義Tethers是一種法幣掛鈎的數字貨幣，所有Tethers將通過Omni Layer協議在Bitcoin區塊鏈上以代幣形式首次發行。每個流通發行的Tether單元由香港Tether有限公司存入的相應法定貨幣單位以一比一的比率支持。根據Tether Limited服務條款，持有人可以將Tethers與其等值法幣贖回或兌換，如兌換成Bitcoin或其他虛擬貨幣。Tether的價格與法幣的價格掛鈎，

其掛鈎發幣的儲存量也永遠大於或等於流通中的幣量。在技術方面，將繼續遵從比特幣區塊鏈的特點與功能。USDT在虛擬貨幣中的用途算是比較廣泛，可以以美元或法幣匿名交易並且沒有中間人、輕鬆進出交易所以避免在交易所存放法幣的風險及通過保護私鑰來冷藏美金等。

目前穩定幣有四種：法定穩定幣、演算法穩定幣、商品穩定幣、虛擬穩定幣。

法定穩定幣（Fiat-backed Stablecoin）直接與法幣1：1掛鈎，每個穩定幣都有真實的法幣儲存於銀行賬戶，是眾多穩定幣裏結構最簡單、最受歡迎的穩定幣。當有人想要把穩定幣兌換成現金，需要有管理穩定幣的人從賬戶中取出相對價值的法幣發送到此人的真實銀行戶口，再將相對價值的穩定幣銷毀的過程。

演算法穩定幣（Aglorithmic Stablecoin）反映著央行如何管理國家法幣，通過演算法或智慧合約來控制穩定幣的供應量。倘若穩定幣的價格比法幣低，演算法穩定幣系統便會削減穩定幣的供應；倘若穩定幣的價格比法幣高，便會把新的虛擬貨幣引入並流通於市場，以這種方式調整消減穩定幣的價格。但是演算法也不一定能確時追蹤穩定幣的變化，縱使穩定幣一般不會大起大跌，但還是有波動的時刻，短時間

出現價格峰值也是有可能的。因此，演算法穩定幣最大的好處就是維護成本低。有些人認為「無須擔保品」是優勢，但大部分人或更傾向「有擔保品」的穩定幣。

商品穩定幣（Commodity Stablecoin）是最常與黃金、各種貴金屬商品、原油或天然氣掛鈎的穩定幣抵押品。由於可以與其他商品類別交換資產，商品穩定幣具有大部分虛擬貨幣沒有的特性——擁有實際價值的有形資產。

虛擬穩定幣（Crypto-backed Stablecoin）的獨特之處是它的基礎抵押品（背後保證金）並非現實中的法幣或實體商品，而是另一類虛擬貨幣！雖然與法定穩定幣有點類似，卻又不一樣，差別在於抵押品的價格波動可能會很大。使用虛擬穩定幣需要把虛擬貨幣鎖定智慧合約，讓合約自行發行貨幣，日後想取回抵押的虛擬貨幣或要支付巨額利息。

在價格波動如此大的虛擬貨幣世界裏，速度最為關鍵。以Bitcoin換取法幣的過程為例，過程既繁瑣又耗時，根本無法快速轉換，除非先把Bitcoin先提取出來，再透過經紀人兌換成美元或歐元，加加減減，成本都不知道有多高！使用穩定幣不但能縮短交易時間，緩和虛擬貨幣的波動，還能快速把虛擬貨幣轉換成法幣。

當投資者預測Bitcoin市價將跌，可以在穩定幣裏建倉。以目前的市價購入穩定幣，並將Bitcoin兌換成穩定幣。假如Bitcoin價格再下跌的話，可以以當初買入的USDT，重新買

入價格下跌的Bitcoin，從而能獲得利潤。於目前來説，虛擬貨幣兌換法幣有一定的成本，但是以穩定幣兌換其他虛擬貨幣，能夠減低手續費和交易成本。穩定幣的價格波動很細，投資者不必擔心它會像Bitcoin一夜暴跌，只要與穩定幣掛鈎的貨幣穩定，即使整個虛擬貨幣體系崩潰也不會波及到穩定幣的價值，還可以作為虛擬貨幣世界裏衡量價值的的信任基礎單位。

　　以上是穩定幣的優勝之處，但個人投資者不要只看到好處就一股腦的奮身投資，請考量個人是否有能力對市場作出預測或承擔風險的後果。穩定幣一般是會提供協力廠商的定期審查，如反洗錢金融行動特別工作組（FATF），FATF於1989年在巴黎成立，專門研究及防止洗錢，協調反洗錢國際行動，定制了反洗錢40項建議和反恐融資9項特別建議（FATF40+9項建議），是世界上反恐怖融資最權威的文件，FATF亦於2020年7月公佈提交給G20成員國財長和央行管理者的穩定幣報告，在報告中闡述了新修訂的標準。但是，有些貨幣公司未必對外有一定程度的透明度，有機會那公司是沒有可供支配的資產。而且，法定穩定幣無法逃過通貨膨脹或貨幣貶值的問題，它本身就是受到法幣的規則限制，浮動時不一定能夠做到無成本兌換，穩定幣跟其他虛擬貨幣或金融商品掛鈎的原因，也有機會遭受價格不穩的憂患。

　　作為個人投資者要清楚每項投資風險，不能只看到眼前

的好處和優勢，忽略思考與投資的整體性。投資就像人生一樣，每件事情都有它的好壞，是一個自然生態的平衡，無辦法只要好的不要壞的，而是應該全面考量後，作出適當的判斷，並承擔它的好與壞。

區塊鏈

　　虛擬貨幣的核心技術是透過區鏈塊的創新技術衍生的，區塊鏈是一種儲存交易信息的容器，擁有分散式賬本的技術（DLT—於網絡成員間共享，同步或複製記錄交易中的資產和數據的交換），在各個電腦上儲蓄更新數位賬戶數據庫，統計交易數據和交易的商品。虛擬貨幣由多個區塊鏈連結，各自擁有最近所有交易及各區塊交易前的記錄列表，應用的領域範疇甚廣，發展過程中一直發掘改變未來社會的可能性，促進虛擬貨幣轉移，因此區塊鏈被譽為「下一代網際網路」和「與人工智慧並列的重大科技趨勢」。以一句話總括：把一個個歷史以來交易記錄的區塊按照順序扣在一起串聯一起，然後透過密碼學技術把所有區塊環環相扣，這就是區塊鏈。

　　現在土耳其的伊斯坦布爾，是以往東羅馬帝國的首都拜占庭。東羅馬帝國國土強盛，有很大的佔地，在國防的配置上，每隊軍隊的地點相隔甚遠，導致傳遞消息成為一大障

礙。當時拜占庭軍隊內部需要所有將軍和官員達成一致共識才能決定是否對外出兵作戰，但地點的距離問題令軍隊中容易潛入叛徒或是間諜，結果是往往都不能夠得到大多數人的一致共識。在得知有成員謀反的情況下，難以連結相隔遙遠的軍營來取得一致協議，被後世稱為「拜占庭問題（The Byzantine General Problems）」，放在網絡世界的解讀，是「容許入侵體系的一種模型化」。後來，他們發現區塊和區塊鏈能夠解決這個問題。

1982年，美國計算機科學家Leslie Lamport把軍中各軍隊需取得共識、決定出兵的過程，延伸到運算領域，想辦法建立具容錯性的分散式系統，即使部分節點失效仍然可以確保系統正常運行，讓多個基於零信任或不信任的基礎節點達成共識，確保資訊的一致性，不會因傳遞問題再出現扭曲或失誤，而Bitcoin的區塊鏈就是運用了這個概念。

最初，第一個Bitcoin沒有與哪些實際資產掛鈎，基本上是沒有價值的，但當市場開始找到Bitcoin的用途後，它的價值也因此誕生了。例如，不法商人、不被銀行金融機構接納的人、不想露面的資產擁有者和小國都開始使用Bitcoin做交易或用大量的法幣兌換成Bitcoin。區塊鏈的技術就這樣從Bitcoin開始，雖然區塊鏈其後在不同領域都被應用，但某程度上來說，區塊鏈是為了虛擬貨幣和虛擬貨幣被廣泛推進而誕生的。

　　然後，開始有人自願為Bitcoin作背書（Endorsement），ETH的創始人亦有了「資產和信託協議也可以從區塊鏈管理中受益」的想法，帶來了智能執行轉移虛擬貨幣到不同的地址的技術，即智能合約（Smart Contract），令ETH和其他虛擬貨幣可以自動兌換，程序也非常簡單。一般情況下，主流的商業合同是在兩個獨立實體之間管理，不排除有其他實體協助的監督過程，但智能合約屬於區塊鏈自行管理的合約，不會出現外部實體的加入。基於智慧合約不受任何機構監管，僅僅只得一個網站或一份白皮書也可以籌集價值幾十億的美金。2017至2018年初，一個Bitcoin便可兌換2萬元美金，2018年還未完結，募資得來的資金已經達七十一億美金，甚至當中有41億美金是連一個EOS項目產品還未推出就已經籌得了。可見，智能合約掀起了市場趨之若鶩的熱潮，投資者或能一夜致富，也能一夜破產。

2. 區塊鏈的 基本架構及其優勢

目前來説，區塊鏈大約可以分為三個主要階段。第一階段就是以Bitcoin作表率，以體系將區塊鏈建立起來。第二階段是以Ethereum這個開源的公共區塊鏈平台為主，Ethereum最初的設計並非為了取代貨幣，而是支付區塊鏈平台的使用費，其中ETH也是透過專業虛擬技術的虛擬貨幣。第三階段的目標是「超級帳本」──以Linux基金會支持的「超級賬本計劃（Hyperledger Project）」為例子，主要是為了讓企業可以更方便地導入區塊鏈技術，可見區塊鏈的發展是日臻完善的。

區塊鏈的「開放性」和「獨立性」與去中心化的概念相類似，裏面所有的運算數據和系統信息由所有連線的電腦統一核對，且公開透明，任何人都可以利用公開的介面去查詢區塊鏈中的數據。就算有人想從中「作弊」，只處理一部電腦是沒有用的，作弊的人需要把所有連在一起的電腦都串通好才能成功，因此少數群體想在區塊鏈上作弊的難度是極高的。

　　「獨立性」是指整個區塊鏈的系統不需要依靠第三方。強調區塊鏈的共享性，使用者不需要靠額外的硬體設施和管理機構，只需要透過集體維護來進行（每個節點的運作方式會透過「工作量證明機制」POW——proof of work），達到多方共同維護，不受任何外力的干預，資料更可靠，誰花最少時間透過各自運算的資源並得到認可它就成立。區塊鏈的每個節點都需要自我認證、管理和傳遞。因此，在行政上使用區塊鏈的技術，可以大大提升個人資訊的安全性。

　　區塊鏈的特性是無法竄改，每一筆資料寫入後就不能再改動。當中的技術使用了Hashcash演算法，以一對一函數來確保資料不能被任何人竄改，永久存在於該區塊，能夠輕易驗證卻難以破解，各區塊得出的數據也會傳送到下一個區塊，是同步地分散在所有使用這個系統的電腦上，讓區塊鏈之間的資料都準確無誤地保持一致性。

　　在金融方面，使用區塊鏈技術（如瑞波公司開發的區鏈塊），可以低成本又高效率地完成國際轉賬，而且登記和管理很簡單，像Ethereum的服務與虛擬通貨就有著很高的親和性。

　　在娛樂方面，線上賭場和實體賭場可使用ADA，Bitcoin也絕對是線上賭場的大趨勢，很多賭場已經適應了這個轉變，紛紛採用加密貨幣iGaming。透過使用區塊鏈，娛樂場

所的流程可以更有效率，其中包括公平協作、合約協議、招聘到更多合適的人才和更平等的招聘實踐。再其次就是，賭場使用虛擬貨幣可以解決一些重大的財務問題如銀行的高額費用，也為匿名前往賭場的客戶提供了額外的私隱度。

在供應鏈方面，監管產品的過程有機會耗時長且價錢高昂，但又不能不做產品監管，因為消費者有權利亦有需要知道他們選擇的產品的製作過程、可靠性和安全性。因此，區塊鏈安全和易追蹤的帳本會是解決供應鏈管理的重點科技。2019年，美國傳出生菜大腸桿菌事件，如果根據以往的傳統做法，雜貨店必須將所有貨品全部下架及丟棄。但是，採用區塊鏈技術可以極度迅速地追踪受污染的源頭，保護未受污染的食材，避免浪費寶貴的地球資源之外還可以防止更大規模的污染。

在醫療方面，病人的健康和病例記錄以紙張、電子健康記錄（EHR）的夾雜方式儲存，令實時查看和共享病歷數據存在很大的阻礙。即使現在EHR有所改進，這種集中式架構還是存在弊端。當系統增大時，有機會出現數據流瓶頸風險或單點故障。使用區塊鏈技術後，醫療記錄能夠存於區塊鏈中，病人可以隨時查看自己的病例記錄並授權醫院獲得實時資料。記錄病人的數據和病歷都需要高度私隱，區塊鏈的特性讓病患的資料無法被竄改，得以保障。若未來區塊鏈能夠配合人工智能，開發智能諮詢、智能配藥，這些需求可以透

過區塊鏈技術來達到，對醫療界必定會是一大助力。

在結賬和網絡方面，日本已經設有使用虛擬貨幣結賬的商店，而網頁瀏覽器「Brave」使用區塊鏈技術後，能夠做到杜絕所有廣告，期待有機會在未來社會成為「國際通用幣種」和「未來的Google」，是互聯網歷史以來非常具有顛覆性的創新技術。但是投資者要切記，請保護好每個帳戶和密碼，縱使你認為這個以虛擬程式運作的網絡有多安全，也不要相信任何人、任何設備、任何虛擬貨幣交易所，應當保障個人安全及保護好個人隱私。

現今的銀行金融體系很發達，基本的日常交易已讓用戶感到滿意，事實上暗藏容易被破解或被盜用的漏洞，嚴重的話甚至存在著令整個體系崩潰的危機。另外，當轉賬的額度較大或牽涉外匯時，會出現非常多的限制和規費。一般的海外電匯需要三天，而普遍虛擬貨幣轉賬只需極短時間便能完成，手續費也低（甚至有機會不需收手續費）。以玉山銀行為例，根據玉山銀行的注意事項：

- 在央行規定的結匯額度及性質內，多種幣別均可自由結購匯出。依據中央銀行外匯交易及收支申報辦法，國人每年結匯有額度限制，個人、團體為五百萬美金；公司、行號為五千萬美金。凡透過新臺幣兌換的外匯交易，同一人當天累計結匯超過新臺幣五十萬元需填寫申報書。
- 匯出匯款於中間銀行轉匯或國外銀行解款時，依當地銀行

慣例，轉匯銀行或解款銀行可自匯款金額內扣取處理費用，因此收款人實際收到之款項金額，可能與原來之匯款金額不同。

- 匯出匯款受款人實際收到款項時間，須視受款銀行實際解款作業而定。
- 如果您希望受款人可以快速收到款項，請改以電匯辦理。
- 為遵循防制洗錢暨打擊資恐之相關經濟制裁規範，若外幣匯款涉及國際制裁或本行禁止承做國家，將不予受理。

可見，去中心化能夠填補金錢體系的最大漏洞，並直接略過銀行、公司、政府、信用卡公司等第三方中介，完全解決中介伴隨的安全顧慮和效率損耗。這也是許多投資者選擇投資虛擬貨幣的原因。

3. 虛擬貨幣的 保安系統及其利弊

在投資虛擬貨幣時，投資者如何安全地保障個人財產及隱私？

首先，虛擬貨幣有兩種儲存方式——「熱錢包」與「冷錢包」。請永遠記得為你的電子錢包保留密鑰代碼或二維碼的副本，不要依賴設備備份。準備一個獨立的設備/電子郵件/電話進行交易，將您的帳戶密碼遠離互聯網，並且每三到六個月更改一次密碼。關於你的資產及交易層面，剛剛試用時總是先轉賬少量金錢或資產，不要假設你的錢包地址不會改變，盡量不要把所有的錢都放在一個地方，並利用資源管理器檢查您的交易。

熱錢包 Hot Wallet

熱錢包是多幣種錢包，私鑰一般存於使用者的裝置和瀏覽器中，且能每天連接網絡長達24小時，十分方便錢包的各種交易進行。熱錢包像是銀行服務員一樣，提供接收及提

取Bitcoin的平台和服務，但不會將資金存放在銀行錢庫，而是留在櫃檯上。熱錢包可以再細分成兩類型。一種是瀏覽器外掛錢包，另一種是手機App。在手機App方面，受歡迎的熱錢包有Exodus、Trust、Bither、Coin.space、Coinbase，它們的界面都屬於易操作。而瀏覽器外掛錢包一般在註冊虛擬貨幣交易所賬戶時，交易所便會自動為用戶提供熱錢包，用戶不需要記住私鑰就能持有虛擬貨幣資產了，可謂十分方便，但這也代表用戶的錢包和資產都交託給交易所管理，導

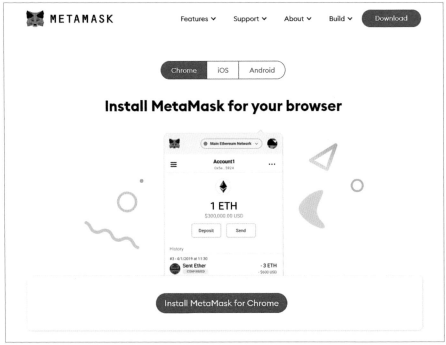

METAMASK支援Chome、íOS、Android平台下載。

致無法保證沒有被入侵或是被釣魚的風險。基於這種特性，熱錢包比冷錢包技術更可能面臨安全和黑客問題。

　　以個人線上錢包來説，Ethereum的熱錢包「MetaMask」（又稱狐狸仔錢包）暫時最受用戶歡迎。雖然MetaMask也是屬於連結網絡的線上錢包，但它不屬於集中管理，因此被駭客入侵的機率沒有那麼高，缺點是用戶必須牢牢謹記自己的地址或記憶單詞，不然，用戶的錢包便不能使用了。

如何申請MetaMask錢包？

　　首先，在電腦下載MetaMask的擴充插件，進入申請畫面後點選「創建錢包」，然後點選「同意」，設置密碼。下一步，用戶需要輸入助記詞（錢包地址就是這12個單字）。創建成功後，可以點選右上角的狐狸圖案，如果想將貨幣從其他地方轉過來MetaMask，點擊中間的帳戶地址，複製地址就完成了。

用戶需要注意兩點：

1. 密碼可以重新設置，但助記詞是不可以重置。

2. 留意右上方的網路是否支援要轉入的貨幣，因為不是每個網絡都受到支援的，如果程序出錯，貨幣有機會轉不回來。

熱錢包的保安系統

熱錢包到現時為止還沒有什麼保安軟件供用戶安裝。

熱錢包等同於在證券行或銀行開賬戶，證券行和交易所都由他們自己的保安系統保護，即是熱錢包的保安系統與銀行或證券所的保安系統類近。如果用戶的設備（密碼或驗證地址）沒什麼大問題，所有交易都要經過交易認證，是不太會影響到用戶的資產消失或被盜用。

熱錢包的所有保護都來自於所屬的交易所，如同匯豐銀行為用戶設置密碼一樣，視乎該保安系統的程度有多深嚴，因此熱錢包或虛擬貨幣交易的保安系統和傳統基金的差別不是太大。如果用戶的電腦曾經因為到訪某網站導致中毒，就已經算是被駭了。若用戶用中了毒的電腦瀏覽交易所網頁，而某網站密碼與用戶的交易所賬戶密碼相符，駭客便可輕易入侵你的賬戶盜取資產！

如果是註冊Binance帳戶，除了啟用2FA雙重驗證，還可以使用Binance「反網絡釣魚代碼」的保護功能。它可以幫助用戶設定以後來自Binance的所有電郵都會顯示用戶設置的代碼。此代碼可以是字母或數字的組合，用戶可以使用手動設置。如此一來，用戶便可以知道所收到的電郵是來自Binance還是來自假電郵賬號，有效避免用戶受到網絡釣魚攻擊而造成資產損失。

一般的交易所如Binance一樣，理應是一個完善的交易平台，已包含交易系統、IT系統、保安系統，不會分拆任何一

Secure Asset Fund for Users (SAFU)

• Beginner

SAFU, the Secure Asset Fund for Users is an emergency insurance fund. On the 3rd of July, 2018, Binance announced the Secure Asset Fund for Users.

"To protect the future interests of all users, Binance will create a Secure Asset Fund for Users (SAFU). Starting from 2018/07/14, we will allocate 10% of all trading fees received into SAFU to offer protection to our users and their funds in extreme cases. This fund will be stored in a separate cold wallet."

資料來源：Binance官方網站

e. Account Security

Binance has been committed to maintaining the security of User entrusted funds, and has implemented industry standard protection for Binance Services. However, the actions of individual Users may pose risks. You shall agree to treat your access credentials (such as username and password) as confidential information, and not to disclose such information to any third party. You also agree to be solely responsible for taking the necessary security measures to protect your Binance Account and personal information.

You should be solely responsible for keeping safe of your Binance Account and password, and be responsible for all the transactions under your Binance Account. Binance assumes no liability for any loss or consequences caused by authorized or unauthorized use of your account credentials, including but not limited to information disclosure, information release, consent or submission of various rules and agreements by clicking on the website, online agreement renewal, etc.

By creating a Binance Account, you hereby agree that:

i. you will notify Binance immediately if you are aware of any unauthorized use of your Binance Account and password or any other violation of security rules;

ii. you will strictly abide by all mechanisms or procedures of Binance regarding security, authentication, trading, charging, and withdrawal; and

iii. you will take appropriate steps to logout from Binance at the end of each visit.

樣技術。所以在熱錢包沒有保安軟件提供的情況下，保障熱錢包的方法就是用戶需要懂得選擇一個信譽良好的虛擬貨幣交易所開通熱錢包，自律地保護個人密碼與地址。

冷錢包 Cold Wallet

冷錢包又稱硬體錢包，是一種實體的存儲裝置，如USB和外接硬碟等等，採用獨立保險箱的概念，有些更採用掃指紋或密碼鎖。目前最受歡迎的硬體錢包是由法國創業公司推出的Ledger，目前有兩種型號——Ledger Nano X（有藍牙）和Ledger Nano S（無藍牙），可以儲存一百多種虛擬貨幣。另一種也很受歡迎的是由一家捷克公司SatoshiLabs推出的Trezor，是世上第一款面世的硬體錢包，支持一千多種虛擬貨幣和代幣。但相比之下，SafePal更安全，原因是不採用藍牙或USB線連接而是使用二維碼傳送支付記錄，還能以應用程式直接交易貨幣。

比特幣錢包

比特幣錢包就好比Google的電子郵箱服務原理：第一步，我們要先獲得一個公共地址，即每一網絡社區用戶都可以看到並且可以把這個地址分享出去以便傳送及接收的電子郵件。第二步，你要擁有一個私人密碼，登錄到你的個人電子信箱，好通過他人的公共地址（他人的ID）傳送電子郵件。第三步，成功登錄，使用傳送、接收及存儲電子郵件的服務。同樣的道理，比特幣錢包是一個接收Bitcoin的公共地址和一個消費與傳送Bitcoin的私人地址。當Bitcoin地址生成

時，相應的私鑰也會一起生成，彼此之間的關係就像銀行存款的帳號和密碼。"1"開頭的地址長26~34位數字，"3"開頭的地址長34位數字。Bitcoin私鑰通常由51位或52位字符表示，其編碼方式與Bitcoin地址類似。51位符號以數字"5"開頭，52位符號以"K"或"L"。私鑰充當一個用來證明Bitcoin的所有權的密碼，必須以私鑰來簽署交易消息，以證明消息的發佈者是地址的使用者。假如沒有私鑰，消息不能被命為不記名貨幣。雖然Binance在評分上很受歡迎，亦有電子錢包服務，但是市場上還是較多人選擇Coinbase電子錢包和Metamask電子錢包。

冷錢包在不連接互聯網的特性下（不存與數位世界，無法快速交易），使用離線設備或智能卡離線生成私鑰以保護私鑰的硬件錢包，防止被駭客攻擊，目前還沒有報導過冷錢包偷竊或遺失的個案；紙質錢包或文件通常都嵌入二維碼，以便可以輕鬆掃描和簽名以進行交易，能產生多種虛擬貨幣收款地址，方便使用者進行各種交易，同時也需要私鑰數字簽名才能把資產或虛擬貨幣從冷熱錢包中轉移。

既然是獨立保險箱的概念，使用者更應該好好地妥善保管，永遠不要公開你的私鑰！"Not your keys，Not your coins。"源自於虛擬貨幣世界的術語，意思是只要持有私鑰就能打開賬戶裏的金庫，擁有一切資產的掌握權和使用權，要是沒有私鑰就失去操作錢包資產的權力。根據統計，全

球最少有20%的Bitcoin因為私鑰遺失導致資產無法交易和流通，變成了毫無意義的數字。比特幣錢包是儲存Bitcoin及其他虛擬貨幣的數字文件，該當好好保護和保管。如使使用者忘記了私鑰，但錢包還沒刪除的條件下，還是可以透過輸入密碼再次獲得的，但倘若私鑰已經遺失或被盜，還是建議趕快創建一個新錢包，將資產轉移為上上策，畢竟私鑰流出意味著很大機會使用者的資產已經被別人掌控了。因此，我們需要像備份密碼一般備份我們的私鑰，防止因個人失誤或一切關於系統問題的災難發生，遺失如此重要的金庫之匙。

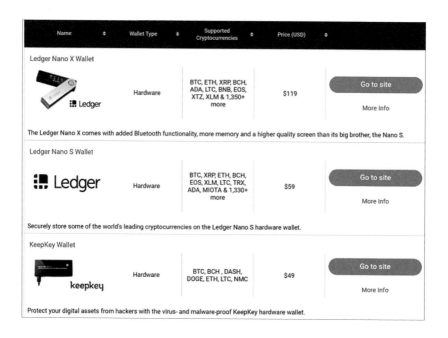

Name ⬍		Wallet Type ⬍	Supported Cryptocurrencies ⬍	Price (USD) ⬍	
Ledger Nano X Wallet		Hardware	BTC, ETH, XRP, BCH, ADA, LTC, BNB, EOS, XTZ, XLM & 1,350+ more	$119	Go to site / More Info
The Ledger Nano X comes with added Bluetooth functionality, more memory and a higher quality screen than its big brother, the Nano S.					
Ledger Nano S Wallet		Hardware	BTC, XRP, ETH, BCH, EOS, XLM, LTC, TRX, ADA, MIOTA & 1,330+ more	$59	Go to site / More Info
Securely store some of the world's leading cryptocurrencies on the Ledger Nano S hardware wallet.					
KeepKey Wallet		Hardware	BTC, BCH , DASH, DOGE, ETH, LTC, NMC	$49	Go to site / More Info
Protect your digital assets from hackers with the virus- and malware-proof KeepKey hardware wallet.					

區塊鏈的風險保障

　　説到區塊鏈風險保障，不得不説Blockchain Intelligence Group（BIG），一家於2013年成立，2017年12月在加拿大證券交易所上市的公司，母公司是BIGG Digital Assets Inc.（BIGG）。2021年6月9日，區塊鏈開發公司Blockchain Foundry Inc.（BCF）公佈與BIGG合作，並將推出新產品服務。

　　BIG的服務為虛擬貨幣市場提供數據分析、技術探索、風險評分技術解決方案、區塊鏈取證解決方案，為企業和個人投資者提供風險管理的方案，也會向政府和執法部門提供調查方案，希望令虛擬貨幣能夠成為金融市場的主流市場。

　　BIG總裁Lance Morginn説過：“QLUE™和BitRank Verified®為參與虛擬合規和調查的任何組織提供履行職責所需的所有工具，我們很高興在這些服務中融入Bitcoin SV。這一舉措使我們能夠繼續將BIG的服務定位為在市場上現存的頂級數字貨幣。”，Bitrank Vertified®有助評估虛擬貨幣錢包和交易的風險並提供易於理解的風險分數。每一次查詢，Bitrank Vertified®都會提供一個0到100的風險分數，而還未開始活躍的新錢包會從50開始。憑藉即時的結果，金融機構以及FinTech和RegTech服務的提供商能夠迅速清除和關閉低風險警報或升級一個高風險警報。評分分數考量了幾種因素，第一是鏈上數據（如地址的歷史區塊鏈數據、地址的年齡、交易的數量和類型、涉及的金額、基於交易行為），其次是鏈外數據（明網和暗網的數據、

合作夥伴收集的情報、分析師收集的情報）。

QLUE™（Qualitative Law-Enforcement Unified Edge定性執法統一邊緣），可視化的追蹤和監控非法虛擬貨幣活動的工具，搜索結果可供監管機構儲存於文件中或在法庭上作為證據。QLUE™為投資者提供強大的交易追蹤（如Bitcoin、比特幣現金BCH、比特幣SV（BSV）、ETH及ERC20代幣、LTC的交易追蹤）。ATM運營商、執法機構、銀行、交易所均可使用QLUE™提供的平台追蹤地址、錢包、交易和實體的資金痕跡，透過追蹤所涉及的實體、相關資金的來往動向，讓使用者清楚知道虛擬貨幣交易背後真正發生的事情。

BitRanks報告示例

90 - 100	Excellent
80 - 89	Good
70 - 79	Fair
60 - 69	Neutral
40 - 59	Low Risk
20 - 39	Medium Risk
0 - 19	High Risk

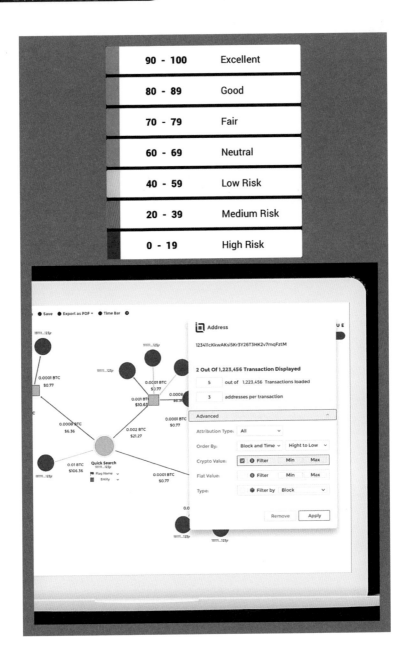

4. 虛擬貨幣的市場定位、下行風險及投資策略

　　有部份投資者或是經驗豐富的傳統金融行業從業員，都會對投資虛擬貨幣持有拒之門外的抗拒態度，他們都會有著各式各樣的言詞，例如虛擬貨幣都是騙局、虛擬貨幣沒有實質的東西作為基礎等等。

　　假若三十年前有人説一個手掌一般大，卻比手掌還要薄的小盒子，不但可以讓你跟半個地球以外的親人朋友對話，還可以把即時影像互相傳遞，相信這人一定都會被罵作瘋子！然而人們對全新的事物作出質疑、用現有的經驗去判斷嶄新的概念，是人的天性，沒甚麼稀奇。所以，天性歸天性，事實歸事實，與其各執一詞地爭拗虛擬貨幣的未來。倒不如齊來看看今天虛擬貨幣，在資產市場中佔一個怎樣的位置吧！

最近十大上市公司持有最多Bitcoin（虛擬貨幣）的數額：

#	上市公司名稱	上市地	Bitcoin總數	購入金額（美元）	現時價值（美元）	佔已流通Bitcoins百份比
1	MicroStrategy Inc.	美國	114,042	$3,160,000,000	$4,872,413,875	0.54%
2	Tesla	美國	48,000	$1,500,000,000	$2,050,787,131	0.23%
3	Galaxy Digital Holdings	加拿大	16,402	$134,000,000	$700,771,053	0.08%
4	Square Inc.	美國	8,027	$220,000,000	$342,951,423	0.04%
5	Marathon Patent Group	美國	4,813	$150,000,000	$205,634,135	0.02%
6	Coinbase	美國	4,483	$130,100,000	$191,534,973	0.02%
7	Hut 8 Mining Corp	加拿大	2,851	$36,788,573	$121,808,211	0.01%
8	NEXON Co Ltd	日本	1,717	$100,000,000	$73,358,365	0.01%
9	Voyager Digital LTD	加拿大	1,239	$7,927,182	$52,935,943	0.01%
10	Riot Blockchain, Inc.	美國	1,175	$7,200,000	$50,201,560	0.01%

資料來源：https://www.coingecko.com/en/public-companies-Bitcoin

　　從上述圖表中，除了説明有上市公司會動用數億以至數十億美元投資於虛擬貨幣資產之外，還説明了普遍的會計制度和監管上市公司的官方機構都已承認了虛擬貨幣資產作為公司資產的合規地位，而且在近一，兩年間，把虛擬貨幣納入為上市公司投資項目這種趨勢，仍是有增無減。

上市公司願意對虛擬貨幣作出鉅額投資是一個值得大家參考的事實，但也可能會有人認為，公司或其他人的投資選擇對自己沒有必然的參考價值。那麼，我們也可從其他角度看看市場對虛擬貨幣的接受程度。

最近十大接受虛擬貨幣支付公司

#	公司名稱	業務性質	接受虛擬貨幣作為支付年份	備註
1	Microsoft	電腦軟件	2014	遊戲軟件為主
2	PayPal	支付系統	2015	
3	Overstock	電子商貿平台	2014	
4	Whole Foods	大型超市	2019	
5	Etsy	電子商貿平台	2014	為客戶提供虛擬貨幣支付渠道
6	Starbucks	餐飲連鎖店	2020	(只限美國分店及部份貨品)
7	Newegg	電子商貿平台	2014	
8	Home Depot	家居用品店	2014	
9	Rakuten*	電子商貿平台	2015	
10	Twitch	映像串流服務平台	2014	

資料來源：https://finance.yahoo.com

*Rakuten：不少人會對這公司名稱很面熟，但又一時說不出那裏見過，一個很好的提示：西班牙甲組足球聯賽。

從上述圖表中，除了說明很多大形的公司（尤其是電子商貿平台和科技公司巨頭），在數年前已經開始接受虛擬貨幣作為支付媒介，而且近年有些大形的連鎖店，也開始抱著"摸石頭河"的姿態，逐步走入虛擬貨幣支付的領域中。

從虛擬貨幣投資者的角度來看，這是一大理想條件，因為參與者數目和流入資金的數額與日俱增，代表了市場對虛擬貨幣的信心不斷增強，也說明它的價值得到了更廣泛的認可，於是虛擬貨幣資產市場的流動性亦因此提高，從而推動虛擬貨幣價格上漲。除此之外，當大量的私人財產流入虛擬貨幣的領域，也會抑制了政府干預程度（這尤其是對有真正民主的國家、真正尊重私有制的國家而言），更可以促進市場主導價格，並減低壟斷的可能性，也會帶動周邊服務產業的發展。

沒有人知道明天投資市場會發生甚麼事，虛擬貨幣的未來也不是誰也可以說得準，然而我們必須明白一點，虛擬貨幣的資產價值，絕不是建基於它會生產出特定的產品或服務，它的價值是建構在大眾對它的認可程度，既然是資產，我們就要理解一下它價格的下行風險，（當然，利用價格下行風險的投資是可以獲利，但在未受過專業訓練前，我們還不要模仿！）虛擬貨幣的資產價值的波動可以取決於多項因素，但假如要專注它的下行風險，以下三大因素則會比較重要：

1. 軟件系統的可靠性
2. 參與者的數量和淨流入資金數額的趨勢
3. 各國政府對虛擬貨幣的認受程度
4. 虛擬貨幣有沒有機會被其他商品取替

1. 軟件系統的可靠性

但凡冠以"虛擬"的名號，就離不開電腦系統和相關的軟件設計。要檢視軟件系統的可靠性，主要有兩方面要留意，一是來自本身源碼（Source code）的結構性缺陷（Program bug），另一方面是抵禦外界攻擊的能力（Vulnerability to attack）。

從最初的軟件程式設計開始，虛擬貨幣就以交易全透明和去中心化為設計的主要基礎，光是這兩項基礎，便使駭客的攻擊很難對整個虛擬貨幣系統作出重大的破壞，因為駭客攻擊要成功更改一部電腦的記錄，可以說是沒有難度，但在去中心化的設計下，駭客要面對的是過千萬甚至是過億部電腦，還要同一時間作出攻擊，這便幾乎是不可能的任務！因此，至今駭客成功地發動大規模攻擊、搗亂以至癱瘓整個虛擬貨幣系統還尚未發生過。

至於軟件源碼的缺陷，從第一枚Bitcoin於2009年面世至今，已經歷了十多年的廣泛應用，相信要是源碼有致命的缺陷，要在十多年後才發酵的機會甚微。現時仍待解決的其他軟件技術問題如細化幣值以方便交易的可行性、每一單位區塊鏈的記憶量上限的提升等，都仍會是未來需要微調的課題。

2. 參與者的數量和淨流入資金數額的趨勢

　　正如剛才提及，虛擬貨幣市場的參與者數目提升、流入資金的數額增加，便會帶動虛擬貨幣的投資市場暢旺；那麼反之亦然，資金的淨額流出自會把虛擬貨幣價格拉下來。然而，光是知道資金流向並不足以掌握市場動態，因為一種虛擬貨幣能否經得起市場的長期考驗，主要是取決於它能否在不同時期仍然有資金流入的來源。一旦投資者的資金一去不復返，虛擬貨幣的價格便只會反覆向下，直至煙沒在市場中。

3. 各國政府對虛擬貨幣的認受程度

　　以下是幾則最近各國政府的相關機構的點題：

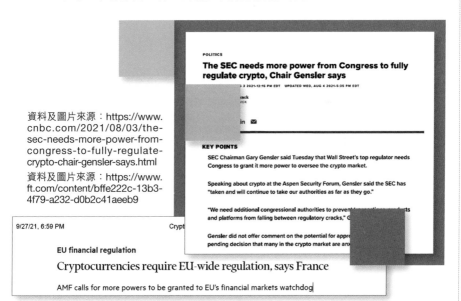

資料及圖片來源：https://www.cnbc.com/2021/08/03/the-sec-needs-more-power-from-congress-to-fully-regulate-crypto-chair-gensler-says.html

資料及圖片來源：https://www.ft.com/content/bffe222c-13b3-4f79-a232-d0b2c41aeeb9

POLITICS

The SEC needs more power from Congress to fully regulate crypto, Chair Gensler says

KEY POINTS

SEC Chairman Gary Gensler said Tuesday that Wall Street's top regulator needs Congress to grant it more power to oversee the crypto market.

Speaking about crypto at the Aspen Security Forum, Gensler said the SEC has "taken and will continue to take our authorities as far as they go."

"We need additional congressional authorities to prevent ... and platforms from falling between regulatory cracks," G

Gensler did not offer comment on the potential for appro pending decision that many in the crypto market are anx

9/27/21, 6:59 PM

EU financial regulation

Cryptocurrencies require EU-wide regulation, says France

AMF calls for more powers to be granted to EU's financial markets watchdog

資料來源：https://finance.mingpao.com/fin/daily/20210828/1630088529719/%E5%8
F%A4%E5%B7%B4%E6%94%BF%E5%BA%9C%E6%89%BF%E8%AA%8D%E
5%8F%8A%E7%9B%A3%E7%AE%A1%E8%99%9B%E6%93%AC%E8%B2%A
8%E5%B9%A3-%E5%B0%87%E6%8E%A8%E5%A2%83%E5%85%A7%E8%A
8%B1%E5%8F%AF%E8%AD%89

資料來源：https://inews.hket.com/article/3056528/%E7%83%8F%E5%85%8B%
E8%98%AD%E5%9C%8B%E6%9C%83%E6%AD%A3%E5%BC%8F%E9%80
%9A%E9%81%8E%20%E8%99%9B%E6%93%AC%E8%B2%A8%E5%B9%A3
%E5%90%88%E6%B3%95%E5%8C%96

資料來源：https://finance.mingpao.com/fin/daily/20210714/1626202970031/%E4%
B8%AD%E5%9C%8B%E6%89%93%E5%A3%93%E8%99%9B%E5%B9%A3-
6%E6%9C%88%E4%BA%A4%E6%98%93%E9%87%8F%E6%8C%AB%E9%80
%BE%E5%9B%9B%E6%88%90

P.050

從以上的新聞中,我們不難發現它們的共通點,就是多國政府都希望加強立法,規管虛擬貨幣市場。請注意是加強規管,不是禁止、取締,從事實的角度來看,加強規管已經是實質上承認虛擬貨幣市場,要是政府的意向是不予承認,應當立刻立法明令禁止。其實真正民主、理性、尊重私產權的政府,都應該是興趣規範虛擬貨幣市場,不會將其取締或者摧毀,因為一個活躍的虛擬貨幣市場,可以同時滿足投資和交易的需求,經濟亦會因此受惠。而且,在交易的過程中,政府可以以稅法和監管來調節市場以及維持秩序。無怪乎美國稅務局(IRS)已在較早前開始,要求納稅人申報個人在虛擬貨幣交易中的獲利,這都是虛擬貨幣逐步被納入正式市場的象徵!

投資策略

主流虛擬貨幣在2018至2021年的升幅比對傳統金融市場的商品其實是較容易投機並獲得利潤的。當中可能有一些新興發行的虛擬貨幣如YFI、AAVE(週期性發行的虛擬貨幣)受到追捧,可能是涉及了其他市場因素,投資者因此而得到相對較多的回報。除此之外,虛擬貨幣衍生出來的衍生工具如反向永續合約,或最新的DeFi(Decentralized finance——由智能合約的虛擬貨幣、金融合約和協議下構建出來的平台

就是DeFi），引入"流動性掘礦"（Yield Farming）令它成
為幣圈很受歡迎的衍生工具。

	BTC	Gold	Equity	Real Estate
12/31/2020	29,001.72	1,898.36	27,231.13	178.13
11/29/2021	57,806.57	1,784.60	23,852.24	186.90
	⬆ 99.32%	⬇ -5.99%	⬇ -12.41%	⬆ 4.92%
Source:				
BTC	Coinmarketcap			
Gold	Bloomberg			
Equity	恆生指數			
Real Estate	中原城市領先指數 CCL			

以下我們來看看有哪些虛擬貨幣的投資策略。

高頻買賣 High Frequency Trading

高頻買賣——High Frequency Trading，以極短時間內賣
出買入的方法從差價中獲得盈利，需保持每天不停重複買入
賣出的動作。

虛擬貨幣和其他金融商品類型一樣，可以靠經常性買賣
來賺取差價，尤其是波幅很大的Bitcoin。Bitcoin每天的價格
波幅和幅度上落可以變化得急、很快、很多！所以一般以虛
擬貨幣獲得利潤，需要在一天內不斷交易，虛擬貨幣可能一

天內上落幾十個百分比，即使它沒有太大的波幅，也可能是超過10%。只要投資者長期每天留意著價格和買賣時間，每一日的差價裏已能獲取可觀的利潤。

虛擬貨幣交易平台的特性是年中無休，這個特性有好亦有弊。好處是它不像股票交易所有開市和收市的時間，不會限制投資者的交易時間和交易量，能24小時內隨時交易。這種年中無休的特性固然讓投資者享受很高的利潤，但同時也存在著很大的弊處。如果想要享受到虛擬貨幣帶來的利益，就必須日日夜夜監察著市場動態，投資者會失去休息時間導致生活不平衡，這對任何人來說都是非常不健康的生活模式。

作為個人投資者，這是一件很吃力的事情，如果一時大意，承擔風險的危險性極高。投資者需要有充裕的時間監察市場流向、價位，甚至是新聞、消息、報導才能做到一個成功的交易，不然這項投資只會帶來負面影響。在引言中提過，Tesla及SpaceX創辦人Elon Musk只要說一句說話就可以影響到整個市場的價位，所以說，做虛擬貨幣買賣最大的問題就是個人投資者在巨大的壓力下或會感到如牛負重、泰山壓頂。

剝頭皮交易 Scalping

剝頭皮交易——Scalping，又稱搶帽子，特性是低時限、對價格極其敏感、高槓桿、交易規模較小、風險敞口也會相對

較小，它是被廣泛使用並且十分受青睞的投資策略。普遍來說，投資者不會持倉太久，這個策略是以最短時間內快速買入賣出，利用市場的時間和銷售來決定交易時間及價格點，從資產價格的變化中獲利。每次價格的變化一般較微細，策略的目標是以賣出價和買入價開立寸頭，積少成多。

　　如何使剝頭皮交易的效果發揮到極致？多關注時事新聞和交易情況或有機會發生的事情，這些因素皆有機會對虛擬貨幣的價格產生一定程度的影響。另外，多關注時間間隔圖標（5或15分鐘的圖表），嘗試找到技術指標訊號、阻力位、價格模式及支撐位。相對強弱指數（RSI），隨機震盪器（Stochastic Oscillator）和平滑異同移動平均線（MACD）都是常用的指標工具，而布林綫（BOLL）和移動平均線（MA）就是價格圖標的指標。

　　另一種Scalping技巧是預設一個金額，目標是與資產價格相關的利潤，可以介乎0.1%至0.25%之間。投資者可以追踪突破日價格的高點或低點，利用Level II（訂單簿）來獲得更多的利潤。當然，有投資者會希望在剝頭皮交易之中用更簡單的方法獲利，還有一個方法——交易差價合約（CFD）。

　　差價合約為投資者提供「沒有具體價機交易資產」的機會，投資者能以較少的初始資金得到更多市場份額，流動性更大，執行門檻更低。當然，槓桿使得投資者的投資回報機

率提高,同時虧損風險也會被放大,兩者相輔相成。由於所有倉位都會在閉市時平倉(關閉時限為30分鐘),因此使用差價合約還不需要支付融資利息,但這種交易的速度極為嚴苛,不一定適合每一個人。

波段交易 Swing Trading

波段交易——Swing Trading,其特性是一般投資者不會特別關注金融工具的長期價值、交易時間介乎與日內交易(Day Trade)和買入持有交易(Buy And Hold)之間、高時限、進出低周轉、能瞄準目標和市場趨勢、低杠桿、位置可以持續數週等等。波段交易以技術分析來判斷金融商品市場的未來走勢,投資者一般的手法是收集信息數據,然後締造一系列交易規則,利用技術指標,分析金融商品的價格波幅記錄,找出最佳的買入點。投資者判斷價格趨勢後,持有某資產一段時間,大約是一天至幾週,以價格波動來獲得利潤的投資交易策略。

日內交易是短期交易策略,買入持有交易是長期交易策略,按照預設的價格出售以對沖任何時候外可能發生的反向走勢風險,望短期操作中能獲利。而有些採用買入持有交易的投資者會循著週期性反彈趨勢,投資大勢所趨的金融商品,有些人則傾向保守投資,專注於高股息的股票。

由於交易的時間更短，美元交易的風險比買入持有交易的更低，也比日內交易有更多獲利的機會，並且可以利用止損單將交易的虧損大大降低至虧損可接受的水平。波段交易具備高效取得回報的潛力，吸引力許多積極且活躍的投資者，還能激勵他們提高交易技巧和籌集更多資金！

波段交易可以利用一下幾種不同的方法：「突破」、「跌破」、「逆轉」、「回撤」。

「突破」——只要市場波幅和價格變化達到期望就會立刻進行交易，投資者會在早期的上升走勢著手，一般這些波動是沖破市場阻力位及支撐位的癥結所在點。「跌破」剛好與「突破」恰恰相反，「跌破」是當價格不高於支撐位，圖標顯示形勢下滑時，投資者監控與「突破」相同的基本點位。「逆轉」主要是廣泛運用在價格漲幅或下挫時放緩速度，尚未完成「逆轉」時，通過價格的變動過程從中獲利。而「回撤」主要運用於大趨勢內的價格扭轉，但未達到任意時間長度或最高點時，價格目前返回稍早的價格點，接著持續向同一方向移動，與「逆轉」的主要概念較為近似。

長空策略 Long/Short Strategy

長空策略——Long/Short Strategy，一般是用在對沖基金的投資工具，用於投資虛擬貨幣基金也一樣可行。

對沖基金如同「買大細」一樣，視乎基金經理對該投資項目的市場走勢買升或跌，只要買得準就有利潤可賺，有抗衡跌市衝擊的作用，能在市場走勢下滑中發揮優勢。長倉是一邊收集，一邊買，持續看好市價，一路長期持有，而賣出看淡的股份就叫短倉。若害怕短時內市價會下跌，可以使用衍生性金融工具，這能為短期的波幅做些小對沖。部分投資者可能會考慮做一個賣空（short selling），目標不是爭取超高回報或維持市場中性，而是從不同的市場波幅中均能爭取回報及減低波幅。出現越來越多的衍生性金融商品對沖風險是未來的趨勢。假設整體向好，投資者投資的某虛擬貨幣持續升值，也總會有短期波幅的時候，像Elon Musk普通的一句說話就足以令Bitcoin市價一秒跌幾十個百分比，誰能保證每一秒鐘都能獲取實時資訊或預測到風險？這些衍生性金融商品會像股票作為Underline Access一樣協助投資者做賣空。

分散投資 Diversify Investment

分散投資——Diversify Investment，就是漁翁撒網，甚至乎一些名不經傳但很有潛質的虛擬貨幣都試投。

現在有一些新興的貨幣反而在科技發展上要更好一些。Bitcoin強調的是公開透明度，有些貨幣反而強調應用性，例如如何連結其他平台、如何與其他商品連結等等。當有些新

發行的貨幣出現時，基金團隊可以透過豐富的經驗和策略性
全面協助投資者收集資料和投資，投資者亦可以輕鬆獲得利
潤及增加了獲利的機會。

在投資者角度，虛擬貨幣基金分散投資的好處就是安
心、省時間、專業、容易找到有潛力的非主流貨幣，但要留
意潛在風險如幣價可能歸零。虛擬貨幣基金的投資組合同時
包括不同種類的貨幣，這些虛擬貨幣的波幅在很少情況下會
統一上升或同時下跌，所以投資的利潤會有整體性的彈性，
即使有某一類別的虛擬貨幣不景氣，投資者也不會因為單一
投資而面臨嚴重風險，仍可期待其他虛擬貨幣的表現抵消損
失或令損失減低。

其他衍生性金融工具

反向永續合約

反向永續合約（Inverse Perpetual Futures Kraken其中
一個發行者）意味著投資者頭寸的收益結構是非線性的。計
算損益時，投資者使用的抵押品的利潤與價格調整時的合
約面額相匹配。例如，在Bitcoin-Dollar中，因為投資者使用
Bitcoin作為抵押品，且合約是以美元計價的話，隨著價格下
跌，Bitcoin的支出必須更高，才能與美元的價值配對。也就

是說，如果Bitcoin的美元價格上漲10%，投資者便有為9.9%的收益，如若價格下跌10%，投資者便會有11.1%的收益。

抵押貨幣的損益

= (1 / 入場價 - 1 / 當前價格) * 頭寸規模

虛擬貨幣差價合約（CFD）

　　虛擬貨幣差價合約是經紀人與投資者之間的合約，最明顯的優勢是擁有利用槓桿的能力，其次投資者不需以高頻交易在一天內不斷處理賣出買入，藉由差價合約利用止損單及制定對沖策略，更容易靈活迅速地交易。由於差價合約的靈活性和可購買性很高，各種虛擬貨幣的報價提供了多種對沖和限制市場風險的方法，交易者才能從中獲利。

　　計算方式：資產價格的變動乘以數量，然後扣除需支付予經紀人的手續費就是最後利潤或虧損的總數。

　　眾多交易所都受到SSL（Secure Sockets Layer）保護。進行交易時，投資者不需要真實擁有合約中的貨幣數量或金額，只需單純透過預測選擇的虛擬貨幣走向展開投資交易，利用虛擬貨幣的價格波動贏利。有見及此，虛擬貨幣差價合約是提供安心交易的衍生性金融工具，投資者無須承受黑客攻擊電子錢包竊取資產的高風險。

　　虛擬貨幣差價合約交易讓投資者不管市場價格上漲或下

跌都一樣有機會獲得利潤。打個比方，虛擬貨幣差價合約空倉的持有者在買入價高於建倉賣出價便虧蝕，於虛擬貨幣買入價低於其建倉賣出價時則能獲利，利潤或虧損要視乎價格趨勢和投資者所選的持倉類型，因此投資者擁有快速賺錢的機會，同時亦有快速虧損的風險。長期持有差價合約頭寸有機會產生融資成本，長期交易中採用差價合約讓成本增多。換言之，就是成本增多利潤縮減，但只適合擅長短期交易和槓桿投資的人。

期貨合約

期貨合約不管做多或做空都可能贏利。買家和賣家在交易所通過買賣合約，擬定在未來某一特定時間、特定價錢購買限定數量的虛擬貨幣。期貨合約和差價合約有點類似，但因為槓桿更高所以利潤更多。只是，投資者不會真的擁有該虛擬貨幣，到交割日自動平倉，或要承受高槓桿帶來高風險，而且5份合約已是交易的最低門檻了，所以期貨合約這一衍生性金融商品只適合擁有龐大資金的專業投資者。

流動性掘礦 Yield Farming

Defi是虛擬貨幣有史以來算得上是繼Bitcoin之後的第二次突破，有「新金融革命運動」一說。要被稱為DeFi，需要是建立在去中心化的公鏈上，有開源的代碼，屬於金融應用

並且是一個完整的開發平台,加強點對點交易的透明度、可訪問性和包容性。

Binance以DeFi概念打造了「幣安流動性掘礦」的平台,主要是Ethereum的區塊鏈上的產品,透過提供代幣資產,為Binance增加流動性來賺取利益(該平台獎勵的虛擬貨幣),主要是遞飛鏈DeFi Chain。而所謂的流動性就是用戶自願提供虛擬貨幣讓其他投資者有更多機會在平台上進行交易。

流動性掘礦有不同的抵押交易,如果某貨幣是一個高風險的虛擬貨幣組合,獲取的回報有機會是100%的盈利,如果是一些較低風險的貨幣(例:抵押Bitcoin去投資Dogecoin),交易回報則相對較小。流動性掘礦是一個新的衍生性金融商品,不需要使用電腦掘礦,純粹是抵押一些貨幣做另一些貨幣的交易把交易量提高,所以它類似是一個定期形式的商品,因時間長短導致產生的年化收益率不一。

Coin	Product	Est. APY ⇕	Duration ⇕	
Ᵽ DOT	DOT Slot Auction	--	Fixed	Vote
◈ AXS	Staking	110.32%	30 Days	Stake
◈ AXS	Fixed Savings	15.00%	15 Days	Subscribe
Ᵽ DOT	Staking	11.51%	30 Days	Stake
ⓣ USDT	Fixed Savings	9.00%	60 Days	Subscribe
◇ BNB	Staking	6.53%	60 Days	Stake
ⓣ USDT	Flexible Savings	5.00% ①	Flexible	Subscribe
◆ ETH	ETH 2.0 Staking	4.90%~21.60% ①	Fixed	Stake

截至29/11/2021的流動性掘礦預估年化收益率數據　　(圖片來源:Binance官方網頁)

　　事實上，不管是什麼策略都好，都需要視乎投資者願意付出多少時間。投資者是否有那麼多時間做交易？投資者是否不用有自己的生活作息？還是投資者願意捨棄自己的生活，每天只看著市場走勢過日子？假設投資者有這個時間心力或興趣做個人投資，又是否懂得所有的投資策略和策略配置呢？有兩全其美的方法嗎？

　　對於剛嘗試加入虛擬貨幣領域的新手，高門檻又繁多的資訊、難以理解的術語、複雜的技術操作都可能會令他們卻步。如果不熟知虛擬貨幣的所有範疇，也不會懂得如何把利潤賺得盡興。就算投資者較了解股票的運作和工具，與虛擬貨幣也只是類似而已，始終股票有股票的特質，投資股票要知道那公司是做什麼行業、公司的財務狀況或大眾看好或不看好之類的，要把很多宏觀經濟的東西算進去，但虛擬貨幣沒有這些因素和特性。

　　虛擬貨幣是一個商品，以商品類型對比之下的話，黃金和Bitcoin可以作一個較近似的比較。但還是那句，即使投資者熟悉金融商品交易也好，每種金融商品都有自己的特質，不論是虛擬貨幣、黃金還是原油，都有它們的特質和市場價值。

　　現在虛擬貨幣是一個新的領域、新的資產類別、新的資產配置，會有更加多的技術和訣竅，虛擬貨幣肯定還會繼續發展更多程式技術。投資者知道程式碼背後的原因嗎？知道

它是怎麼運算的嗎？它究竟有沒有長期的供應？為什麼市場會對它有需求？又或者虛擬貨幣的虛擬在哪裏？如何評估什麼是好的虛擬貨幣？一般的投資者或基金經理也未必能一下子把答案掌握得很好。

既然是沒有這些策略性投資、資源配套和時間的話，倒不如就交給一個已在這個範疇有成績的人，就可以事半功倍！

在市場趨勢及概況方面，虛擬貨幣的種類上和數目上，必然會越來越多，包括科技進步亦是大勢所趨。

2021年，虛擬貨幣的整體市價在4月首次突破了2兆美元，根據網站CoinMarketCap的數據指出，在5月時虛擬貨幣一度接近2.5兆美元的高點！在經濟因素上，突然有大規模的資金注入購買虛擬貨幣與過去一年的疫情有莫大的關係。投資人開始憂慮中央銀行對於疫情的措施會刺激經濟，或會引致通貨膨脹。透過購買虛擬貨幣分散風險的方法下，避免經濟前景不明朗或帶來的高風險危機。而大型企業和商家包括美國上市公司微策略（MicroStrategy）、電動車大廠Tesla在美元貶值和全球低利的走勢下都產生了多元配置資產的需求，並開始參與投資虛擬貨幣令貨幣的市價飆升，顛覆以往十多年只有散戶買賣的狀態。

這個可觀的趨勢有目共睹，許多投資人也對這塊「肥肉」蠢蠢欲動。

　　當某些公司認為自己的公司覆蓋面夠大，便會推出自己的虛擬貨幣。很多人會基於公司的影響力而使用他們推出的虛擬貨幣，所有持續使用公司服務的人群都很大機率成為公司的幣主。慢慢地，人們不需要使用真鈔，演變成高度使用電子錢包。這個新興的市場或會打出一片新的藍海！越來越多大公司會開始朝著這個大趨勢邁進，除了方便使用之外，還有綁定客戶的效果。虛擬貨幣變得流行後，就會擁有內在的投資價值。在基金方面，虛擬貨幣的選擇日益增加，投資者要選擇基金就要評估基金的定位，包括剛剛提及的三種基本策略外，基金經理有沒有新的投資策略或與市場接軌的新想法、能不能信任並透過基金避免個人投資的風險也很重要，客戶的這些條件變相鼓勵基金經理力求進步研發新方案！

　　這就是整個金融行業最互動的地方——生意發展範圍夠闊、覆蓋面夠大、有固定的大規模受眾、可以推出自己的貨幣作交易。作為一個投資工具，第一步就是要有流通性。新的虛擬貨幣被廣泛使用，這個貨幣就隨之升值，創造了投資價值，虛擬貨幣很大機會在未來金融的地位就是金錢流動的集中地。

　　除此之外，ICO（Initial Coin Offering）也是一個趨勢，或成為虛擬貨幣領域種的主流投資領域！

　　ICO是指「首次貨幣發行」，意思是第一次把幣發出

去，資料透過區塊鏈的方式公開，或以ICO白皮書與投資者的條約公開。ICO從IPO（Initial Public Offering）這個詞演變出來的，即俗稱的「上市」，為了道清楚是虛擬貨幣的第一次公開發售而不是股票上市的第一次公開發售，便由「Public」改成「Coin」。當公司或任何人有意向籌集資金發明一種新的虛擬貨幣或服務，就會以推出ICO這種方式讓有興趣的投資者投資，而大部份ICO推出的虛擬貨幣只會讓投資者擁有某項特定功能，並非擁有公司本身的所有權。只要發起人創建了一種新虛擬貨幣並在白皮書（White Paper）中詳細列明他的新貨幣的未來價值發展或功能性，發給對這個新貨幣有興趣的投資者，只要投資者有興趣就可以以價值相對的虛擬貨幣交易。首先，到虛擬貨幣平台上購入主流幣如Bitcoin和ETH，然後申請電子錢包，把購入的虛擬貨幣放進錢包。選好要投資的ICO，將主流虛擬貨幣轉到ICO地址，不一會兒便會收到ICO的新貨幣。

透過ICO籌集資金後，公司或發起人會提供類似於股份的虛擬貨幣，但不是真的股份，只是類似而已。投資者普遍會用較普及的虛擬貨幣來購買這些新推出的貨幣，好處是得到公司發行的新貨幣，這些虛擬貨幣有機會可以用來購買公司的虛擬產品或服務。公司利用ICO推出新的虛擬貨幣籌集資金來維持或擴展公司的營運，而投資者的利益是獲得這些新貨幣。缺點是項目有機會在私人銷售（Private Sale）和預

售（Presale）前因為硬頂而被迫取消籌資，而且私人銷售及預售的代幣成本偏低，有機會砸盤導致價格跌破籌資成本價。

較類似的有IPO和ITO（Initial Token Offering），ITO是「首次通證發行」（第一次公開賣出通證），而IPO是「首次公開募股」，IPO會根據投資者購買的股份數量釋出公司所有權。應用在股票中，IPO上市的公司受到嚴格監控，公司必須納稅，投資人也需要繳納資本利得稅。ICO應用於虛擬貨幣，不需要擔心經營權受影響，公司可能不需要繳稅，只有投資人需要繳納資本利得稅。

TGE（Token Generation Event），即「通證生成事件」，即是項目生成通證活動，它是ICO和ITO之間的準則許可。基於法規問題，ICO和ITO有募資/籌資的特性，在某些地方國家撞上「法律罅」的灰色地帶，因而發明了這個字。之後更有人再發明了通證捐款（Token Donation）一詞，算是再美化TGE了。其實ICO、ITO和TGE很相似，該籌資活動項目定價之後不論寫不寫智能合同，一樣會要求感興趣的投資者填寫購買數量、地址並匯款到指定地址。假如地址是智能合同的地址便會啟動智慧執行，多數合同在執行的時候會智能發送所購買的虛擬貨幣到投資者提供的地址。有些ICO要將有興趣的投資者需要被加到白名單（Whitelabel List）後才能讓投資者參與投資或購買，即KYC。

市面上有些服務商會提供KYC服務，協助ICO的公司/企業為投資者做KYC，例如Ayasa Globo就是由內到外的專業顧問，提供專業服務。

Ayasa Globo的服務優勢

Ayasa Globo是虛擬貨幣基金管理的先驅，憑著實際經驗和專業知識，是香港為數不多的虛擬貨幣基金行政管理人之一，一般建議設立獨立基金或SPC基金，使用指定的Clean Strategy而不是與傳統策略的基金混合使用。

在開曼群島設有當地實體辦事處
任命開曼群島董事，包括反洗錢官員
全面的開曼群島合規及會計服務
經濟實體解決方案
與開曼群島及香港的法律和審計事務所緊密合作
提供託管服務，為客戶提供基金開設用的託管帳戶，又可以充當託管代理，並以客戶的名稱開設指定託管帳戶
全方位的香港合規與諮詢服務
專業團隊駐於香港，不外包到其他城市，包括由香港本地註冊會計師領導的基金會計團隊
一站式平臺，提供度身定製的整全解決方案
獲得行業獎項的一致認可
提供方便的通訊方式，例如WhatsApp和WeChat等即時通訊應用程式
卓越的客戶服務，可快捷回應客戶需求

於HFM亞洲服務大獎歷年來屢獲殊榮
獲　　獎：最佳基金行政管理人─專門架構（2021）
獲　　獎：最佳小型經理基金行政管理人（2020）
獲提名：最佳客戶服務基金行政管理人（2020）
獲　　獎：最佳基金行政管理人─小型經理基金（2020）
獲提名：最佳基金行政管理人─300億美元以下單一管理人（2020）
獲提名：最佳基金行政管理人─專門架構（2020）
獲推薦：最佳小型經理客戶服務（2019）
亞洲最有價值服務大獎─年度最優秀私募基金服務獎（2020）
香港最優秀服務大獎（2021, 2020, 2019, 2018）

　　ICO自身風險不算小，因為發起人或公司不需要釋出自身的股權，不受監管下完成籌資，減免稅務和時間成本，只需要對投資者清楚承諾新貨幣將帶來的效益就可以了，但未來這個新貨幣可能市價大漲亦有機會變得毫無價值。

　　現時，有一個受到控管但類似於ICO的概念稱為STO（Securities Token Offering），又稱「安全令牌產品」，與傳統證券的本質相差無幾，並且擁有較高的資訊透明度、無時差（主要利用區塊鏈技術），可以說是ICO與IPO結合的籌資方法和籌款活動。STO由提供代幣化證券的公司進行，將傳統的資產如股票、債券、房地產等等，用虛擬貨幣的模式證券化，再發給投資者。證券是指具貨幣價值，可以交換和轉換的金融工具，不只股票才是證券，鈔票、金錢其實也算是一種。由於STO擁有證券的特性，使STO發行的虛擬貨幣對應著某些實際資產，因此必需受到機構的監管，交易平台必須取得1號牌照

（證券交易）和7號牌照（提供自動化交易服務）。

　　總括而言，ICO類似於各種籌款活動，想要創建新的虛擬貨幣、應用程序或服務的公司會採用ICO。一般剛成立的公司採用ICO是希望能繞過銀行嚴格且受監管的融資流程要求的風險。感興趣的投資者可以使用法幣或預先存在的數字代幣購買該產品。公司獲得投資者的支持後，會發送特定於ICO的新虛擬貨幣代幣給投資者。投資者期望該代幣在未來有優異的表現，並希望作為早期支持這個特定虛擬貨幣項目而獲得良好的投資回報（ROI）。採用ICO的公司將使用投資者的資金作為推進其目標、推出其產品或啟動其虛擬貨幣的手段。

　　很多的傳統基金經理都已在考慮或已經在虛擬貨幣這一範疇裏涉獵，以往習慣做股票、外匯、債券的基金經理現在都免不了要有這方面的認知，甚至要參考其中，不然就會追不上市場需求，持有9號牌的基金經理可以做不超過10%的虛擬貨幣基金。作為一個專業的基金經理人、專業基金管理者、專業的分析師是不可能跟客戶說不懂得這範疇知識或沒有相應方案，這對於他們來說是必須要具備的知識，亦基於投資者對產品的要求越來越高，基金經理必定要為這個大勢有所準備。

　　對於傳統炒股票、外匯、債券，這些於市場立足已久的金融商品明顯已經滿足不了市場需求，投資者甚至會認為這些是「陳腔濫調」的東西，不再覺得有吸引力和新意。反而虛擬貨幣這範疇不管是專業投資者還是新手投資者都很有興趣一試，可見虛擬貨幣是大勢所趨，將會在全世界成為一股的潮流！

虛擬貨幣基金
必讀手冊

第2章：虛擬貨幣基金
的基本架構
及持分者

1. 虛擬貨幣基金的基本架構及市場概況

　　現在大家對虛擬貨幣有基本的認知了，那什麼是虛擬貨幣基金？

　　虛擬貨幣基金的基本架構可以簡單分為三個部分。

　　投資者先把資金投到基金池（基金聯營投資），由基金經理人集中管理。集中資金後，便依據時機分散投資到不同的虛擬貨幣，或者集中投資到某一金融商品。最後投資者可以評估基金經理的業績數據，選擇繼續購買基金或贖回基金，從中賺取差價來獲得利潤。這是一個協助投資者分析和投資並有多個持份者參與的專業方案。基金公司有能力24小時監察虛擬貨幣的流動，把握時機，反而個人投資者未必可以時刻關注虛擬貨幣的升跌，或會錯失良機。

　　個人投資者一開始學投資時，可能只會把資金投放在

一至兩種虛擬貨幣，如果將所有資金集中於少數公司而其中一種虛擬貨幣的市場價值受挫下跌，風險和損失可能會很嚴重！許多人或許未有足夠認知，不知道如何透過這個投資類別賺錢，所以就請教專業人士幫忙做買賣交易，降低損失的風險。

在金融市場最普遍的操作是不懂哪個範疇便找該範疇中的專家代勞。可能有人會問："為什麼自己學投資都不及買基金好？"這是因為基金有集液成球的概念，亦便於管理。

作為專業操盤者，不可能同時間分別處理太多交易和決策。虛擬貨幣交易是在於一瞬間的價位，若每一次都要獨立操盤買賣，重複買賣的動作將導致錯失最好的時機。舉例，現在有十位投資者希望以投資虛擬貨幣賺錢但不太懂如何操作，虛擬貨幣的浮動幅度讓他們卻步。這時出現一個操作能手，將十位投資者的錢儲在一起投資，每作投資決定時不需重複十遍：「該什麼時候買？」、「該什麼時候賣？」、「為什麼要在這個時候買？」諸如此類的問題。如果每個投資者同時投100元進基金池，基金池就已經有1000元，這1000元就可以分散投資。如果每位投資者獨立用100元分散投資，每種投資不就分得太少了嗎？

將所有資金集中於同一戶口或同一交易平台，待基金經理認為時機對的時候再作交易，任何類型的投資類別只需要操作一個指令，一秒就能完成交易。整個概念就是集液成球

後有大筆資金做操作，每人都有一個份額佔據在不同的貨幣裏。一來透過專業基金經理會容易點賺得利潤，二來就是資金夠龐大才真的賺到可觀的數目。基金經理每天只需要一次這種類型的交易，已經可以產生投資效果，讓投資者獲得固定的回報率！

基金設立流程

根據基金架構、投資人類型、牌照登記要求等因素，設立基金一般約需時2至3個月。

1. 需求諮詢：諮詢基金的要求及策略，需時大約1週。
2. 基金設計：根據諮詢結果詳細列出基金設計大綱，需時大約2至4週。
3. 盡職審查：對企業及相關人員的背景、市場風險、管理風險、技術風險和資金風險做全面深入的審核，需時大約2至3週。
4. 基金設立：基金正式於所在地註冊，需時大約6週。
5. 基金正式營運。

為何選擇離岸金融中心或開曼群島？

基金經理一般會選擇開曼群島作為“遙設基地”。到底

為什麼開曼群島從前是大英帝國的一部分，後為英屬海外領土，沒有所得稅，離岸註冊程序簡單。開曼免稅公司擁有開曼免稅優惠及隱私權，是外國商人持有境外銀行賬戶的大熱之選，有名的避稅天堂。

2018年9月，港股策略王再次登出Ayasa Globo創辦人兼董事總經理任亮憲的專訪，他解釋了為什麼大部分私募基金都不在香港登記註冊/設立的原因。以下為大家闡述專訪裏提到的幾個主要因素：

"基金經理一般會利用開曼群島或其他離岸金融中心作為"遙設基地"。究竟為什麼這些外交地位不高的彈丸之地能鶴立雞群，成為私募基金優先選擇？

第一，法制健全行之有效；眾所周知，金融市場是世界上最大的"無形產業"，買賣的東西並非全屬實質貨品，很多僅是合約或票據一張，甚至可算是"講個信字"。信任的基礎除了來自交易各方及眾持份者之間的承諾和delivery，更重要的是在公平公正的法規法律下得到保障及監察。宏觀全球所有成功的國際金融都會，無一不是以法治為根基的地方，法律條文及過往案例仔細而清晰，法庭判案時也有理有據，絕不徇私舞弊，貪贓枉法。

第二，投資收益均可免稅；申購私募基金的投資者大多為了爭取可觀的回報而願意承擔較高風險，正所謂"富貴險

中求"，敢玩私募便後果自負。不過如果要從high risk所產生
的high return中扣稅，私募基金的吸引力自然大減。儘管在高
風險中博得高回報，假若之後即被稅局"打五十大板"，投
資者等於白玩，倒不如什麼都不玩，以免出現"公就你贏，
字就我輸"的愚蠢局面。基金經理也非池中物，當然亦懂得
善用"免稅天堂"的優點，滿足客戶需求之餘又能賺取更多
利潤，製造雙贏。

　　第三，所有資料絕對保密；私隱在現今社會（特別是
對於有錢人來說）變得越來越受重視。由個人身份到投資金
額，每一環每一節都不想被公開，只要符合並通過反洗錢指
引下的審查，投資者資料及資產的詳細內容卻是不該讓公眾
垂手可得。私募基金的架構容許一定程度的保密性，不像普
通一間有限公司可在網上公開查冊，股東及董事一一無所遁
形。需知道尊重他人私隱並不代表協助他人犯法，任何公共
或私營機構應樹立榜樣、身體力行，不要戴有色眼鏡看待高
資產值的投資者。"

　　對比香港與開曼群島，開曼群島沒有限制虛擬貨幣基
金，不像香港需要附加牌照、沒有太多的規管、嚴格的架
構或uplift等繁瑣的程序。以開銀行戶口作為例子，即使取
得SFC的批准，牌照公司亦可以管理虛擬貨幣基金和虛擬資
產，香港銀行還是不會為客戶開戶口，而開曼群島沒有這些
限制，對虛擬貨幣這一投資商品非常友善。

基金設立所需文件

基金發行的主要文件：

- 募資說明書（OM）/（PPM）
- 申購合同及贖回表格（供投資人使用）
- 投資顧問協定（如適用）
- 投資管理協定、合夥人協定
- 基金設立的政府申報文件
- 基金服務商聘用函（基金行政管理人、律師、審計師等）

香港現正大推OFC與LPF，但這兩個基金架構暫時無法亦不建議用於虛擬貨幣，主要是因為香港基金架構一定要有相關牌照，未經過uplift只能做最多10%的虛擬貨幣基金。

基金成立(1)：獨立投資組合基金
（SPC：Segregated Portfolio Company）

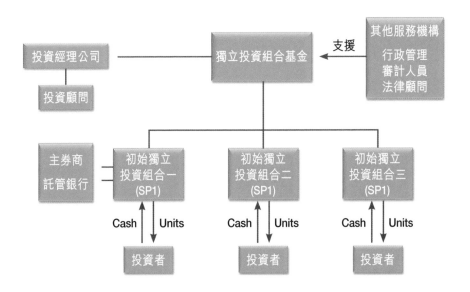

基金成立(2)：單體基金架構(Stand alone)

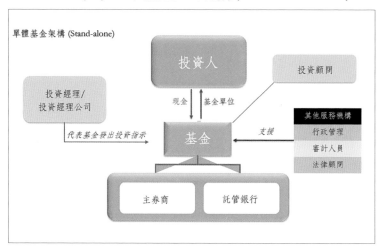

基金成立(3)：有限合夥制基金
(Limited Partnership Company)

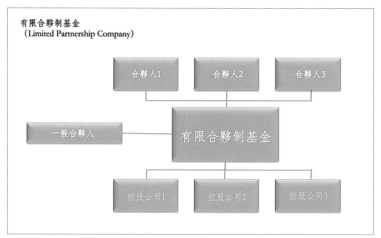

基金制度(1)：開放式基金型公司(OFC)

（暫不適用於虛擬貨幣投資策略）

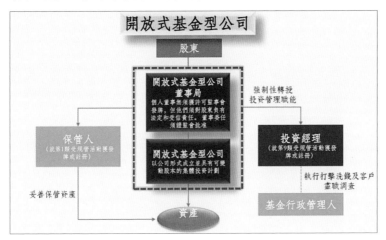

基金制度(2)：有限合夥基金(LPF)

（暫不適用於虛擬貨幣投資策略）

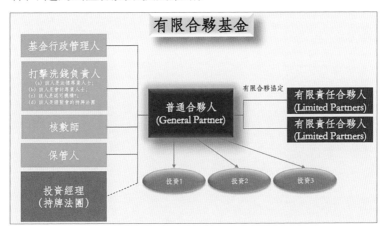

Ayasa Globo Financial Services之基金行政管理服務包括：

★ 基金設立及基金賬戶開設
★ 定期（週度/月度/季度/半年等）提供淨資產總值（Net Asset Value"NAV"）報表予投資經理（和/或其他有關單位），包括資產負債表、損益表、投資組合表
★ 定期提供電子結單予投資者（如果有需要的話，可提供中文譯本）
★ 有機會設有股息予投資者
★ 基金報表會根據國際財務報告準則（IFRS）而編制
★ 符合美國海外帳收合規法案（FATCA）和共同申報準則（Common Reporting Standard）

當投資者對基金經理未能有足夠信心，而基金經理亦未有時間協助不同投資者操盤，這時基金行政管理人可以作為一個渠道提供一個優等、正式的系統及平台記錄過去公司所有的表現、每一個月的數據，協助投資者評估基金公司。於企業的角度，在基金行政管理人幫助下設立基金後，可以作為宣傳，讓投資者知道有這一投資渠道，把資金投進基金池就方便得多。

2. 虛擬貨幣基金的監管與法例

　　各國對虛擬貨幣的監管有不同的處理手法，現時市場已經有頗為完善的監管條例，亦有進取的法例控制該國的虛擬貨幣流通，有國家更把虛擬貨幣列為法幣。虛擬貨幣在歐盟國家是合法的，但在亞洲國家，泰國的銀行是禁令的（例：2013年7月，泰國一家Bitcoin創業公司基於泰國銀行禁令Bitcoin交易，被迫停止一切有關業務），在中國大陸交易也屬違法，虛擬貨幣的不記名特質委實為洗錢、非法交易等犯罪份子提供了肥沃的土壤。

　　全世界對虛擬貨幣的關注漸漸變成嚴格監管，自由發展岌岌可危，所幸的是香港身為國際金融中心，對於虛擬貨幣未有其他地方嚴厲，只保持防範風險的態度，擬定發牌制度，為大眾和虛擬貨幣市場保留了發展空間。

　　2021年6月，薩爾瓦多宣布將虛擬貨幣合法化。2021年9月，薩爾瓦多正式成為全球第一個把虛擬貨幣列為法幣的國家，Bitcoin與美元一同成為國家合法貨幣。薩爾瓦多現在已有約170萬人在使用Bitcoin和Chivo電子錢包，數字將接近薩爾瓦多全國人口30%。總統布克爾認為，把虛擬貨幣合法

化的其中一個原因是有超過200多萬的薩爾瓦多人居住在國外，每年匯款回家的總額超過40億美元。如此一來，虛擬貨幣成為法幣後，薩爾瓦多人寄錢回家會更方便。但是，這個「實驗結果」好像大大不如總統布克爾的美好理念⋯⋯法例實行的第一天，不少Bitcoin ATM出現故障，不但引起各地的憤怒，Bitcoin的市價還因此暴跌，導致過千人上街抗議，發生暴力和到處燒毀Bitcoin ATM的事件。

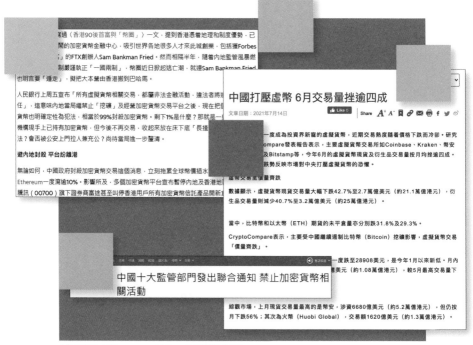

新聞資訊來源：yahoo財經、信報財經新聞 https://hk.finance.yahoo.com/news/%E6
%96%B0%E8%81%9E%E9%BB%9E%E8%A9%95-%E5%B9%A3%E5%9c%88
%E5%A4%A7%E9%80%83%E4%BA%A1-192300047.html

新聞資訊來源：https://www.voacantonese.com/a/China-declares-all-cryptocurrency-transactions-illegal-20210924/6244206.html

　　中國大陸於2021年較早時嚴厲打擊所有掘礦行為，導致多個礦工設備下線及Bitcoin的處理能力急劇下跌。中國人民銀行旗下部門再於5月時發出「防範虛擬貨幣炒作風險的通告」，要求金融機構、支付機構不可讓客戶以虛擬貨幣支付或結算，也不批准機構發展虛擬貨幣與人民幣以及外幣的兌換服務。消息公佈後，Bitcoin市價立刻迅速下跌致30%！十家政府監管部門（中國人民銀行、市場監管總局、公安部、中央網信辦、外匯局、最高人民法院、工業和信息化部、銀保監會、證監會和最高人民檢察院）其後於9月聯合發出《關於進一步防范和處置虛擬貨幣交易炒作風險的通知》，揚言虛擬貨幣不具有法幣價值相等的法律地位。人民銀行有關負責人指出："近年來，Bitcoin等虛擬貨幣交易炒作活動盛行，擾亂經濟金融秩序，滋生洗錢、非法集資、詐騙、傳銷等違法犯罪活動，嚴重危害人民群眾財產安全。人民銀行會同有關部門出台一系列政策措施，明確虛擬貨幣不具有貨幣地位，禁止金融機構開展和參與虛擬貨幣相關業務，清理取締境內虛擬貨幣交易和代幣發行融資平台，持續開展風險提示和金融消費者教育，取得積極成效。為建立常態化工作機制，始終保持對虛擬貨幣交易炒作活動的高壓打擊態勢，人民銀行等部門結合新的風險形勢，在總結前期工作經驗的基礎上，起草了《通知》。"

　　《通知》明確指出，虛擬貨幣兌換、作為中央對手方

買賣虛擬貨幣、為虛擬貨幣交易提供中介服務、代幣發行融資及虛擬貨幣衍生品交易等虛擬貨幣之相關服務、境外虛擬貨幣交易所透過互聯網向國內居民提供服務全屬非法金融活動。所有非國家發行、以虛擬技術或類似於分賬式賬本的任何數字化形式存在之虛擬貨幣均屬非法，虛擬貨幣不能作為貨幣於市場上流通，全部一律嚴禁，亦禁止境外機構予中國居民提供虛擬貨幣的相關服務。根據Coin Metrics的數據顯示，受到消息影響後的ETH在24小時內急跌超過8％！根據Binance的數據顯示，Bitcoin的市價也為此消息公佈後2小時內下跌逾3000美元！有消息指，有1億美元的合約在一小時內強平，可算是中國有史以來對虛擬貨幣最強硬的手段。

其後，中國公佈考慮將虛擬貨幣的掘礦活動納入淘汰類產業。中國發改委新聞發言人孟偉表示掘礦存在著極大的危害，當局下一步會針對集中式產業式掘礦、bitcoin掘礦及國有單位掘礦進行全面整治。若發現任何執行居民電價的單位參與虛擬貨幣掘礦，將會考慮實施懲罰性電價，這將對中國的產業結構和推動減排大有幫助。北京重申打擊虛擬貨幣，Bitcoin在11月16日上午突然急跌逾7％，直逼6萬美元，即使下午稍微回穩也無法力挽狂瀾，價格已摔至大概61000美元。其餘ETH和Solana（SOL）均有下挫，ETH一度跌幅7.8％，SOL下跌5.6％。中國對虛擬貨幣的封殺影響甚大，內地最大的比特幣平台「火幣」（Huobi Globo）於9月24日不

再允許交易者使用內地手提電話號碼註冊新賬戶，禁止內地用戶交易衍生品。火幣計劃於2021年12月31日前在保證用戶資產安全的前提下完成有序清退。雖然現在還是內地的監管較嚴，但也許日後也會波及香港，投資者需考慮避險措施。

2021年11月18日，由於監管政策的變化，嘉信理財（Charles Schwabb）向客戶發出通知，30號起不再接受一下的虛擬貨幣基金購買申請：

不接受購入的資產包括但不限於、Grayscale Ethereum Classic Trust（美：ETCG）、GrayscaleGrayscale Bitcoin Trust（美：GBTC）、Grayscale Ethereum Trust（美：ETHE）Digital Large Cap Fund（美：GDLC）、Grayscale Bitcoin Cash Trust（美：BCHG）、Grayscale Litecoin Trust（美：LTCN）、Bitwise 10 Crypto Index Fund（美：BITW）、Osprey Bitcoin Trust（美：OBTC）。嘉信理財亦不接受購買申請的複雜產品及所有優先債券、可轉換優先債券等，但其他的資產購買申請不受這次監管變改影響。

美國司法部在2020年10月指出，虛擬貨幣為犯罪分子提供了更多的犯罪機會，為了控制虛擬貨幣可能對國家構成危害國際金融體系穩定和無法適時執法的危機，美國金融犯罪執法網絡（FinCEN）於不久前發怖了「反洗錢規則」，作出了些要求：

1. 交易所和金融機構需申報3000美元或以上的交易，並對交易者進行身份調查。

2. 為了讓虛擬貨幣的持有人難以隱藏身份，每次用戶向非交易所提供的錢包存入10000美元或超過的虛擬貨幣都必須作出申報。

　　不只中國大陸和美國嚴厲監管虛擬貨幣，許多國家陸陸續續都出現一些反對的聲音。有分析指出，土耳其因當地法幣常期受通貨膨脹影響，其中央銀行便於2021年4月起嚴令禁止電子貨幣平台作虛擬貨幣的轉賬中介，市民不准直接或間接使用虛擬貨幣。有避險意識的投資者紛紛把交易渠道轉移至海外，新加坡便成了亞洲虛擬貨幣投資者的「避風港」。2019年8月，新加坡金融管理局（MAS）宣布將發行5個新的數字銀行牌照申請給符合條件的公司企業，其中三個是數字批發銀行執照（Digital Wholesale Bank Licenses），兩個是數字全銀行執照（Digital Full Bank Licenses）。2020年終，星展銀行（DBS）宣告將成立一個包含STO、虛擬貨幣交易和託管服務的完善虛擬貨幣交易所，新加坡交易所（SGX）持有10%的星展數字交易所股份。2021年8月，MAS已經收到170份DPT牌照申請（Digitial Payment Token），Binance獲批肯定是不在話下。以上種種跡象可見，新加坡在不久的將來將成為亞洲虛擬貨幣交易的主要所在地。

虛擬貨幣走勢預言：

　　中國一度打壓虛擬貨幣導致虛擬貨幣和概念股的走勢反反覆覆，前景未明。印度神童阿南德（Abhigya Anand）於2021年9月21日發佈的最新預言影片中，點出經濟泡沫關鍵點很大機會在2022年3月與4月之間，形容這次的爆破爆炸性非常大。神童亦預計虛擬貨幣的價格將在11月底前破紀錄，但過後將有大回調甚至泡沫破滅。來年就即管看看阿南德的預言有否實現吧！

虛擬貨幣交易所的監管

　　基於各種考慮因素，虛擬貨幣在本港暫時不獲成為一般付費的途徑之一。

　　很多人都選擇海外的虛擬貨幣交易所，但當海外賣家和香港買家出現爭拗時，基於地點問題，買家很難向賣家追討，只能嘗試向當地海關或當地的監管機構尋求協助，很大機會無法得到適當的賠償，可謂十分沒有保障！

　　在香港，證券性質的虛擬資產如果構成「證券及期貨條例」裏所指的「證券」，那便屬於證監會的監管範圍，虛擬貨幣交易所便須向證監會領取受規管活動的牌照（第1類——證券交易、第7類——提供自動化交易服務）。2018年11月，香港證監會公佈了規管虛擬資產交易平台的概念性

框架，2019年11月發表了立場書，為提供虛擬貨幣交易所或證券類型的虛擬資產制定自願發牌制度。2020年11初至2021年1月終的期間，香港財經事務及庫務局展開了建立虛擬貨幣服務提供者發牌制度的諮詢，希望在2022年之前能向立法會提交修訂條例草案並作出審核。同年的12月，發出了首個虛擬資產交易平台牌照，針對打擊不法份子洗錢和募資的管理條例有具體的要求，發牌的制度則是參考了財務行動特別組織（Financial Action Task Force）監管虛擬資產訂立的最新國際標準。

2020年11月的文件指出，大多數人表示支持，財庫局提議發牌制度實施後應有180天的寬限期給有興趣的人或企業緩冲和過渡，給予充足的時間提交申請。文件提議只有在香港設有固定營運地點的公司才有條件考慮獲發牌照，沒有相關牌照的虛擬貨幣服務提供者不得非法在本地或海外向香港人民推銷虛擬貨幣的一切活動，違例者可被罰款500萬港元和監禁7年。若違例者藐視規管並持續違例行為的話，將會計算違例期間的每一天另外罰款10萬元港幣。除了以上的罰款，文件也有列出其他的監管條例：

1. 在與申請牌照相關的情況下，就任何要項作出虛假、具欺騙性或具誤導性的陳述，可處罰款100萬元和監禁兩年。
2. 違反打擊洗錢及恐怖分子資金籌集的法定要求，可處罰款100萬元和監禁兩年。

3. 為誘使他人購入或出售虛擬貨幣而作出有欺詐成分或罔顧實情的失實陳述，可處罰款100萬元和監禁兩年。

現時的監管只允許不低於800萬港幣的投資組合的投資者參與虛擬貨幣的遊戲，或可以當這是保護散戶投資者的方法之一。到底什麼情況下不屬於監管範圍？就是實際資產的交易在交易所外進行，並且私人的交易所不會在任何情況/時間下掌握投資者的實際資產或虛擬貨幣，或該交易所只提供非證券性質的虛擬貨幣交易，這樣便不屬於監管範圍。但是，不受監管的範圍難以在投資者發生提取貨幣、詐騙、盜竊或其他任何技術問題時提供協助！

鑑於虛擬貨幣交易算是非常新的金融商品，波動升幅和風險都比傳統金融商品高很多，縱使有不少人提出制度應該讓散戶也能進行虛擬資產的買賣交易，但文件還是提議持牌虛擬貨幣交易所只可以向專業投資者提供交易服務，同時實踐嚴格的規範，評估交易所上的虛擬貨幣。香港數字交易所HKD.com和HKbitEx的創始人及行政總裁高寒也有作出回應，香港數字交易所提出制度或該放寬，不讓散戶在虛擬貨幣交易所進行交易，或會導致行業未能高效發展及影響市場秩序。原因是散戶或許會在制度實行後選擇未受監管的交易所，一來監證會無法在此情況下進行監控，二來令散戶未能得到妥善的資產保障。高寒表示，虛擬貨幣交易的市場還處

於一個非常初步的階段，是有必要作出適當的監管，但不能扼殺行業的發展機會。

為了進一步了解近來虛擬資產監管的狀況，Ayasa Globo 訪問了Prosynergy Consulting Limited的董事總經理Mr Louie Lee（李國弟），"客戶為經營虛擬資產基金申請9號牌照 uplift當然希望能儘快通過監管批核，但虛擬資產始終是款新穎的產品/資產，深入了解虛擬資產整體的風險及運作的人比較少，全球的監管機構都是抱著謹慎的態度探討有關虛擬資產的產品，並嘗試續漸將現行的監管制度延伸至虛擬資產。虛擬資產在2015-2016年開始冒起，大概2017年開始引起香港監管機構的更多關注。虛擬資產盛行不足10年，在市場上做虛擬資產基金且具備相關經驗的人自然寥寥可數，所以在監管方面能掌握相關資訊及/或聘請相關專才是有一定難度。綜合以上各項因素，相關牌照申請/uplift的審批時間不能與一般受規管活動申請相比，申請人必須作出適當的調整。

現在，雖然虛擬資產基金在香港只能向專業投資者發售，但審批虛擬資產基金的過程非常嚴格，在虛擬資產產品不斷發展的過程中，這是讓投資者就這些新產品得到充分保障及信心的必經階段。很多人將新加坡和香港的虛擬資產監管制度作對比，並說新加坡監管機構勇於接納虛擬資產相關的產品，比香港走得更前，但我個人覺得這可能存在一些誤解。事實上全球的監管機構對虛擬資產的監管仍處於探索的

階段，還未凝聚一套完整的方案，而香港就虛擬資產相關的監管，在現行的機制下已有一套方案能讓發行人在受監管的情況下推出虛擬資產相關的產品/服務，包括交易平台及基金管理，可説是國際金融中心中其中一個跑在前面的司法管轄區。

近日傳出有關內地打擊虛擬資產的新聞，不少人都擔心香港虛擬資產發展會否受牽連。由於被禁止的只是內地境內的虛擬資產活動，因此在香港進行的虛擬資產活動理應不會受到影響。若日後香港的監管機構增強對虛擬資產產品的規管，其實無需慌張。虛擬資產產品的發行人及有關中介業務會收取投資者的金錢及/或資產，為保障投資者，對虛擬資產產品進行監管是必然的事。就虛擬資產基金而言，現在可説是監管機構與虛擬資產相關產品的磨合期，因此，一間希望經營虛擬資產基金的公司須具備怎樣的具體條件或公司應有怎樣的架構等準則仍在不斷更新，申請經營該業務所需的時間亦難以掌握。如有公司就此諮詢法律及合規意見，律師或合規顧問也只能根據現行的機制提出意見。當然，如律師或合規顧問曾處理過相關申請及具備監管期望的認知，會有一定優勢，能更掌握監管的要求及期望。要注意，就算公司在牌照申請的過程完全跟隨律師或合規顧問的專業意見，仍然不排除有被證監會駁回牌照申請的機會。歸根結底，持牌法團的基金經理或投資團隊以及後台功能應能夠向證監會展示

他們了解投資虛擬資產的風險，並能夠確保詳細的程序和風險措施已到位，並且能有效保障投資者才有機會成功通過批核。

我們目前協助多間公司向證監會申請相關虛擬資產業務，最關鍵的要求是公司及負責人員需擁有虛擬資產相關的經驗。若虛擬資產基金內的投資組合總資產價值10%或以上或基金的投資目標有既定投資虛擬資產的話，申請人需實施一系列有關配合虛擬資產的流程和控制以符合相關監管要求，並向證監會提交額外申請時作出詳細描述，證監會亦會對此類公司及人員有更高的要求。虛擬資產的投資組合的總資產價值10% 以下的基金則只需通知證監會，但一般亦需滿足證監會一些提問才能正式開展有關業務。"

3. 虛擬貨幣基金
的專業管理

在一個基金架構裏，包含了不同的持份者和監管者，以確保數據的真實性。

如何選擇虛擬貨幣交易所？

1. 悠久的經營歷史
2. 被黑客攻擊的次數
3. 被黑客攻擊後恢復的案例
4. 數據分析
5. 用戶群分析
6. 產品
7. 未來發展
8. 槓桿
9. 虛擬貨幣交易所的熱錢包保安系統

一般擁有香港證監會牌照的基金經理人如何選擇虛擬貨幣交易所？

1. AML/KYC

2. 違例案件

3. 無訴訟

4. 保險覆蓋率

5. 流動資金

6. 提款與存款的供應時間

7. 公司賬戶

8. 基金賬戶結構

9. 資金成本與差利

10. 授權許可證

11. 突發事件安全防護

12. 本籍地

基金行政管理人

　　基金是一個理想的平台，除了基金經理，還有基金行政管理人提供的數據報告，追蹤所有報價。基金需要支付、付款或交易的，全都需要經過基金行政管理人作監管，保證數據準確無誤，不會隨便挪用這筆錢，使得整個基金架構非常專業、公正、公開、透明，讓投資者能透過這個渠道評估基金經理是否可信，投資者是否可以放心地投資。

　　到現時為止，還是有很多人只知道有虛擬貨幣這個商品，卻不太理解它的特性及如何操作，所以更需要基金行政

管理人的專業認知協助確保基金的真實性。基金行政管理人是參與在各基金之中很重要的專業持份者，基金架構中需要專業律師列明法律條款及細則，讓投資者和基金公司清楚了解到雙方的權益，例如募資說明書會有什麼條款、投資者何時能贖回、當中的營運費用等，配合基金架構保障雙方權益。

基金行政管理人的角色尤為重要，他們提供所有法律、會計、合規的範疇。如果選擇了整體完善方案，基金行政管理人會直接成為最理想的橋樑，協助客戶聘請律師，列明所有法律框架和文件並給予意見。例如，營運條款該怎麼寫、實質操作虛擬貨幣基金是否每月計一次價等等，會在法律文件上寫得非常清晰詳細，讓客戶可以有一個配對，或跟其他基金比較之下衡量基金的表現是否優於其他項目。

除了做賬表，基金行政管理人也提供申購贖回的文件處理，即新的投資者需填妥申購表格才可進行投資。嚴格一點來說，基金行政管理人對基金公司或投資者不是中介，而是他們的服務商之一。基金行政管理服務就像一張點心紙，任君選擇，客戶自行勾選所需服務，有需要的可以選擇整套專業服務。當然，也有部分客戶只需要後期服務亦未嘗不可。基金行政管理公司會有基金會計團隊（Fund Accounting Team）協助計算NAV報表，是一個分析基金產品長遠以來的增長幅度、提供投資記錄（Track record），讓客戶知道每個月升幅多少的綜合平台。

NAV報表
（Net Asset Value — 資產淨值）

NAV是基金的票面價值，與股價類近，也是一種估值計算的工具。

根據港股策略王2018年7月與Ayasa Globo Financial Services的創辦人兼董事總經理任亮憲先生的專訪中提到："過往私募基金常常讓投資者感到不放心，畢竟透明度不及零售產品高，而且操盤人容易"無王管"。自把自為隨意下注。但隨著監管機構對持牌公司越來越嚴屬的規管和調查，就算私募基金本身不是公開交易的ETF，投資經理都被「盯得很緊」，絕對不會掉以輕心。而且私募基金的交易價格是以其NAV為準，一般不會存在premium或discount，只會如實反映"持貨"價值，百分百公平公正。"，"NAV是總資產減去總負債。就公司而言，資產淨值通常按資產與負債的賬面值計算得出。就基金而言，資產淨值代表基金的實際價值，等於基金所擁有的資產總值減去所有的負債，亦為交易價。私募基金的資產淨值於其每個交易日（申購贖回日）計算一次，根據投資組合內所有資產（包括股票、債券、現金及任何其他有價證券或資產）的收盤價加起來便是基金的總資產市價，繼而減去全部債務及開支，得出最終的總單位數，那就是基金的"每單位資產淨值"（NAV per unit），這亦是私募基金在每個定期交易日的買賣價格，而投資人認購

或贖回基金必須基於此買賣價格，所以就如我多次強調沒有
premium或discount牽涉在其中。當然基金經理有權決定會
否將全部或部分的投資收益派發給投資者，亦即是基金單位
資產淨值未必完全反映所持有的基金單位的整體報酬，要得
出準確的報酬率必須將基金的配息一併計算才可。"他亦於
2021年5月曾參與RagaFinance財經台直播，提及更多關於金
融與公司發展相關的討論：

影片來源：https://www.youtube.com/watch?v=_pgRg3XhAwE

　　鑑於土地開發商、地產商或收租股的主要利潤來自正在
收租的物業、土地的儲備或正在開發的物業，這些資產一般
的市值都不定時受時間或其他因素而有所改變，可能影響所
得利潤的水平，因此在傳統上，一般資產淨值多數用於計算
這些資產，因為計算的方法可以達到較準成的市盈率。虛擬

貨幣基金普遍和其他對沖基金一樣，是用月結形式的，每個月都有記錄，NAV的數據會告訴投資者，他們的錢拿來做這個投資後，這個月總共賺多了多少錢，整個基金的數據升了多少%，是一個十分數據化的資訊。例如，一開始基金單位是100元一股，下個月賺了10元，除開所有單位，扣除費用，最後得出108元就等於有8%的增長，每個月如此類推計算，便可以持續了解基金的升幅及表現。

　　一份基金包含許多行政、數據、文件、法律、各類大大小小的工作，所以在開曼群島的基金法例裏，除了基金經理、律師、基金行政管理人以及審計師都必須參與其中。每年，審計師需要核對基金行政管理公司計算的數據和財務報表是否符合所有規定，確保數據無誤且根據國際的審計及會計準則，防止基金公司製造假象欺騙投資者，避免有虧空的情況，所以一定要有基金行政管理人和審計師雙重的核對審查。

Ayasa Globo Financial Services

　　Andrew Carnegie說過："成功的秘訣不在於做自己的工作，而在於應聘合適的人做事"。

　　Ayasa Globo憑藉公司於基金服務、虛擬貨幣基金、託管代理人服務、信託服務、家族理財辦公室及財務規劃的豐富經驗及專業知識，為客戶提供量身定製的優質服務的一站式金融服務、基金及合規服務平台，團隊熟悉基金投資策略及整體運

作，能為客戶提供即時及優質的協助，以「對的人，合適的價格」的宗旨實現對客戶的承諾和滿足客戶的需求。

Ayasa Globo榮獲2020年HFM亞洲服務大獎中，最佳小型經理基金行政管理人。HFM亞洲服務大獎是業內最受認可和尊重的對沖基金獎項之一。它表揚在亞洲對沖基金服務領域中最優秀卓越的企業。得獎者都是由頂尖亞洲對沖基金的首席運營官、首席財務官、首席技術官以及其他高管組成的獨立評審團選出。

HFM亞洲服務大獎得獎報告：

亞洲最有價值服務大獎2020：

　　於亞洲最有價值服務大獎2020中榮獲「年度最優秀私募基金服務獎」。該獎項表揚在所屬行業內對管理、市場競爭、創新元素、社會責任等方面有傑出表現的企業。得獎企業均經由專業、公正和獨立團隊篩選，能夠脫穎而出證明在行內受到廣泛認同及具公信力。

全球網絡

　　自2014年起，Ayasa Globo一直在香港基金行業積極發展，從事及管理100多個私募基金，主要經營地點包括香港、中國、臺灣、新加坡、馬來西亞、美國及歐洲等，致力於量身定製的架構及解決方案。Ayasa Globo透徹瞭解建立新的數碼資產基金所需的特定要求和程序，亦有卓越的客戶關係管理團隊全程協助基金經理成立虛擬貨幣基金（於2019年獲推薦為2019年HFM亞洲服務大獎的小型經理客戶服務基金管理人，該獎項旨在表彰和獎勵年度表現傑出的客戶服務、創新產品開發及業務增長強勁的基金服務提供者），並已經將業務重心擴展至開曼群島，基金服務的主要服務包括基金成立及行政管理、啟動前及入職檢查、會計服務和淨資產計

算、報告和報表（按周/月度/季度）、合規督察、美國海外帳收合規法案（FATCA）和共同申報準則（CRS）、牌照和專案管理；虛擬貨幣基金的主要服務包括設立虛擬貨幣基金、法律結構、開設虛擬貨幣銀行帳戶及虛擬貨幣兌換和結算帳戶、基金行政管理、虛擬貨幣淨資產計算、合規和反洗錢查核、轉讓代理、推薦虛擬貨幣保管人和專業處理虛擬貨幣的審計師、協助申請成為SFC合資格進行虛擬貨幣投資的牌照。

有信譽的客戶包括但不限於：

- 新浪（SINA:US）
- 中國平安（2318.HK）
- 中國富強金融集團（0290.HK）

- 中國金融投資管理公司（0605.HK）
- 中郵創業國際資產管理有限公司
- 興證國際（6058.HK）
- 易還財務投資有限公司（8079.HK）
- 勝利證券（控股）有限公司（8540.HK）
- 六福集團（國際）有限公司（0590.HK）
- 睿見教育國際控股有限公司（6068.HK）

MaiCapital Limited - 香港首家獲證監會認可參與虛擬貨幣業務的資產管理公司

MaiCaptial專業團隊：

Benedict Ho

- 管理合作人 & 總經理
- 聯合創始人
- 擁有17年的投資運營經驗
- 曾監督富邦銀行（Fubon Bank）的養老基金
- 在MCP運營>$1B的交易台
- 斯坦福大學：管理科學與工程碩士學位
- 華盛頓大學：計算機工程學士學位
- CFA和香港證監會持牌負責人

Michael Wong

- 管理合作人 & 首席營運官
- 聯合創始人
- 17年的科技行業經驗
- 高通公司（Qualcomm）：中國銷售主管
- Atheros：銷售，業務拓展，軟件研發
- AMIS Technology（香港區塊鏈公司）：
  總經理
- 西北大學 & 香港科技大學：
  工商管理碩士學位
- 斯坦福大學：電氣工程碩士學位
- 多倫多大學：工商管理碩士學位
- 證監會持牌代表

Marco Lim

- 管理合作人 & 首席策略官
- 在電子固定收益、貨幣及商品分銷方面
  擁14年以上的經驗
- 德意志銀行、瑞士信貸、高盛集團的
  執行董事
- 西安大略大學：金融學學士學位
- 香港證監會持牌負責人

Ryan Leung

- 香港大學：天文物理博士學位

Janice Chan

- 首席風險管理官
- 9年以上企業融資經驗：
  羅斯柴爾德、中信證券、華南金融控股
- 西北大學：工業工程與心理學學士學位

網址：https://zh.maicapital.io/

Ayasa Globo獲得的許可證：蘇黎世受託人 - Globo集團

以下是Ayasa Globo Financial Service與其有過經驗的對手方，但也支持不在名單上的其他對手方：

	Name of Service Provider	Website
Bank	Signature Bank*	https://www.signatureny.com/
Exchange	Bitfinex	Bitfinexhttps://www.bitfinex.com/
Exchange	Bitstamp	https://www.bitstamp.net/
Exchange	Crypto Facilities	https://www.cryptofacilities.com/
Exchange	Kraken	https://www.kraken.com/
Exchange	Coinbase	https://www.coinbase.com
Exchange	B2C2*	https://www.b2c2.com/
Exchange	Binance	https://www.Binance.com
Custodian	Kingdom Trust*	https://www.kingdomtrust.com/
Custodian	Legacy Trust	https://my.legacytrust.com.hk/

*Statement available

虛擬貨幣交易所列表：

- ANX Pro
- B2C2
- Binance
- Bitfinex
- BitMex
- Bitstamp
- Bittrex

- CEX.io
- Coinbase
- Cryptopia
- Deribit
- EQOS (Diginex)
- FTX
- Gemini

- HITBtc
- Kraken
- KuCoin
- Maicoin/ MAX
- Octagon Strategy
- Okex
- Poloniex

基金差異比較圖表：

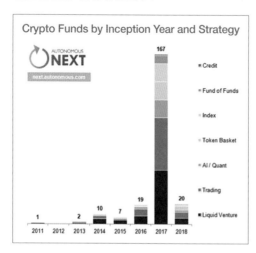

香港持牌區塊鏈資產投資經理——MaiCapital

市場每分每秒都可以千變萬化，因此不能運用固定的投資策略，要靈活變通才跟得上市場的變化及需求。

MaiCapital早早已看到虛擬貨幣市場的潛力及市場的需求。在Bitcoin市場還是較震盪、價格相對偏低的時候已決定開始這個業務，相對於其他基金的優勢是擁有多年豐富的經驗，許多基金都還在剛剛創建的階段，未必有足夠的經驗面對跌市，但MaiCapital已經經歷多次市場上的起伏，憑著日積月累的經驗、預知、判斷和風險管理應對虛擬貨幣市場的風險且提供專業的服務。

這段時期熱門的投資策略有RV market neutral、對沖及交由基金經理操盤。RV market neutral沒有任何市場風險，對沖投資則不是能經常用得到，要看市場狀況再作分析，而且也不是說要沽空就能沽空得到的，要頭10大交易所才可以做到沽空交易。長期持有就只需不時適當調整投資策略一下便可，風

險是持有時的時機未必是最理想或投資者不確定要持有多長的時間，而MaiCapital的服務會以豐富的經驗和敏銳的市場觸覺協助投資者運用最適合的投資策略，爭取最高回報。

至今，虛擬貨幣基金並未有太大限制性或特定的法例監管，即使是美國和新加坡也只是依靠基金牌照，香港沿用原本已經有的監管基金經理規例，要100%做虛擬貨幣基金就必須申請進一步的牌照。風險管理方面，撇除香港，投資者在其他地方也需要基金經理的協助。投資者關注的一直都是持牌人的誠信和能力，只要持牌人有經驗，投資者亦懂得選擇可靠的持牌人，基本上投資任何項目都是沒什麼大問題的。

MaiCapital已獲香港證監會批核的9號牌照，在基金管理和科技領域的豐富經驗，在數字資產市場中提供製度化的投資服務。基金產品有2019年3月啟動的區塊鏈投資機會基金，是為量化對沖基金，主要利用多頭/空頭的方式投資跟區塊鏈相關的資產，包括股票、加密貨幣和相關資產的衍生工具，具有約2年的可審計記錄，和2020年5月啟動的比特幣+投資基金，以Bitcoin為主題的量化對沖基金，在各種不同市場條件下追踪或跑贏Bitcoin的價格表現為目標。他們是中國粵港澳大灣區受香港監證會監證的區塊鏈科技公司，由香港證券及期貨事務監察委員會（SFC）完全監管，是香港首家擁有專門的區塊鏈資產運營的SFC 4和9類資產管理公司，團隊成員具有合計45年以上的金融交易和深度科技的經驗，利用

他們專業的判斷來開發了基金投資算法和提供其他跟區塊鏈相關的服務。同行夥伴包括Sidley（法律顧問）、寶橋BaoQiao Partners（基金分銷夥伴證券公司）、東英Oriental Patron（基金分銷夥伴證券公司）、MaiBlocks（區塊鏈上的香港房地產部分證券化平台）、Amis（先鋒企業的區塊鏈解決方案提供商）及Asta（代表亞洲當地安全令牌社區的非營利協會）。

Security Name	Date	Price	% Changes	NAV % changes
BTC	10/31/2021	61,318.96	40.03%	7.25%
BTC	9/30/2021	43,790.90	-7.16%	-13.76%
BTC	8/31/2021	47,166.69	13.31%	23.33%
BTC	7/31/2021	41,626.20	18.79%	-0.45%
BTC	6/30/2021	35,040.84	-6.14%	1.26%
BTC	5/31/2021	37,332.85	-35.35%	-8.41%
BTC	4/30/2021	57,750.18	-1.98%	28.14%
BTC	3/31/2021	58,918.83	30.53%	-4.18%
BTC	2/28/2021	45,137.77	36.31%	21.37%
BTC	1/31/2021	33,114.36	14.18%	28.16%
BTC	12/31/2020	29,001.72	47.77%	18.57%
BTC	11/30/2020	19,625.84	42.41%	36.66%
BTC	10/31/2020	13,780.99	27.75%	6.30%
BTC	9/30/2020	10,787.62	-7.65%	-10.95%
BTC	8/31/2020	11,680.82	3.16%	-7.43%
BTC	7/31/2020	11,323.47	23.92%	22.04%
BTC	6/30/2020	9,137.99	-3.41%	-10.30%
BTC	5/31/2020	9,461.06	9.27%	16.95%
BTC	4/30/2020	8,658.55	34.48%	1.47%
BTC	3/31/2020	6,438.64	-25.13%	-5.64%
BTC	2/29/2020	8,599.51	-8.03%	-7.34%
BTC	1/31/2020	9,350.53	29.98%	7.45%
BTC	12/31/2019	7,193.60	-4.97%	2.22%
BTC	11/30/2019	7,569.63	-17.72%	0.17%
BTC	10/31/2019	9,199.58	10.92%	-9.65%
BTC	9/30/2019	8,293.87	-13.88%	-15.21%
BTC	8/31/2019	9,630.66	-4.51%	-3.09%
BTC	7/31/2019	10,085.63	-6.76%	7.43%
BTC	6/30/2019	10,817.16	26.15%	-0.67%
BTC	5/31/2019	8,574.50	60.25%	3.87%
BTC	4/30/2019	5,350.73	30.33%	15.63%
BTC	3/31/2019	4,105.40	6.50%	2.86%
BTC	2/28/2019	3,854.79		

從上圖可見，2020年3月Bitcoin下跌超過25%，Blockchain Opportunity Fund（BOF）則只有5%的跌幅，BOF當時並未有減少虛擬貨幣的投資比率，選擇了增加沽空投資去對沖Bitcoin的下行風險，從而降低損失。2021年5月更出現35%以上的跌幅並跌勢持續至6月，BOF作出相應的避險措施只下跌了8%，調整了基金內的投資組合，降低虛擬貨幣的佔比轉向投資股票市場，明顯可以看見BOF成功地避免了Bitcoin跌幅帶來的威脅，並且於6月持續的跌勢中仍可以為基金帶來盈利。

4. 虛擬貨幣基金 與傳統基金 的差異及比較

根據MaiCapital的經驗，2018年做募資較困難，2021年的情況有轉好，今年市場的升幅較大，投資者很看重當下市場有沒有投資的需求。假若兩年前想以虛擬貨幣募資一定比現在困難，因為虛擬貨幣目前已經漸漸成為主流。目前虛擬貨幣這一資產類別正處於當紅的狀態，投資者增多，虛擬貨幣基金自自然然也收到熱烈的關注。Pi Network目前相當有潛力，今年也多了傳統資產機構想了解虛擬貨幣基金。

雖然許多傳統金融商品都能夠發揮以上提及的幾種主要投資策略，但新的金融商品將引來更多傳統金融業或傳統基金經理轉型。只是，金融商品的推出速度未必能跟得上市場需求。明明虛擬貨幣市場的熱潮有增無減，投資者及機構的關注增多，募集的資金又日益增加，金融商品為何會不應

市？問題出在各個持份者都需要跟得上市場的要求，律師要跟上、基金行政管理人要跟上、NAV要跟上、審計要跟上。要所有持份者都跟上的過程需時，服務提供者少之又少，變相商品推出的困難增加。

若要說當前哪一種金融商品的潛力最大，虛擬貨幣的貨幣市場基金（Money Market Fund）或會成為黑馬（例：借Bitcoin/ETH給人，然後收到實息。派息的人或許會派另一種貨幣，但未必一定是派虛擬貨幣。）真的要令虛擬貨幣如Bitcoin可以收利息，把Bitcoin放在某個交易所或託管人，由他們派息這個方法會較難（託管人要做借貸的角色會較有難度），但如果拿著1號牌照的基金經理持有客戶的虛擬貨幣，理論上是可以派息給客戶的，只是要視乎基金經理想不想這樣做。

虛擬貨幣還處於初步階段，所以只佔了實體經濟的一小部分，現在未必會有太大影響。因為沒直接實體經濟的項目包括房地產需要用到虛擬貨幣交易的關係，虛擬貨幣與實體經濟的交集不會太大，目前唯一最多使用度的無非只是Bitcoin。即使Elon Musk說未來將更接受旗下公司包括Tesla使用虛擬貨幣找數，虛擬貨幣與實體經濟的連結是加深了，但用Bitcoin購買實體資產的人實是寥寥可數，貨幣的擁有者也不多，說到底還是普及化的問題。但宏觀分析現在的趨勢，虛擬貨幣在未來對實體經濟的影響將會比現在大，人們的資

金流出流入必定會有所影響，虛擬貨幣完全融入實體經濟的
願景是確實可預見，相信只是時間問題。

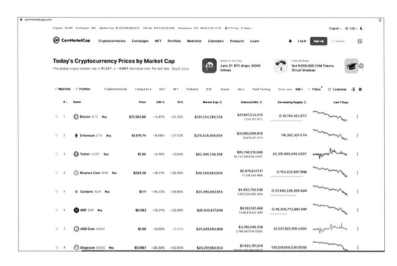

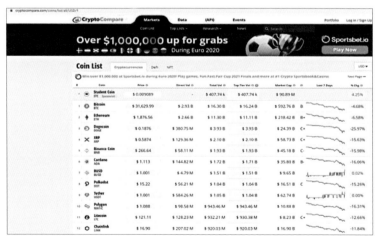

虛擬貨幣基金和傳統基金最大的分別是投機性質的策略。

眾多投資者放棄傳統基金的其中一個原因,除了虛擬貨幣帶來的新鮮感之外,就是傳統對沖基金處理投資虛擬貨幣會因為監管問題而產生障礙。

傳統基金根據大市走勢和基金經理的操作和營運讓投資者獲利,是受到監管的中心化金融商品,像買港股便會受到政府監管一樣。已上市的股票都要交一些年報表和財務審核,這些交易是受到當地的法規和市場管制的。但是,虛擬貨幣是一個龐大且擁有不同種類的去中心化金融商品,每一種虛擬貨幣的波幅可以很大,且不受任何國家規管,投資者只需要一個戶口便可作出交易。虛擬貨幣的投機性質比傳統金融商品高出很多,因為傳統基金投資的產品全部都受到監管,有一定程度的限制,但面對的虧損也有一定的限額。虛擬貨幣不受管制,回報可以很高,同時相對應的風險也會越大。它們的共通點是投資者的利潤多與少都視乎於基金經理的操作。

根據統計,2020全球虛擬貨幣對沖基金管理的資產數值接近約40億美元。與去年相比,2000萬管理資產(AUM)規模以上的虛擬貨幣基金市場佔比升幅超過10%,2021年的平均管理資產上升約3000萬美元。2019年虛擬貨幣對沖基金的中位數增長約26%,2020更增長了超過約110%。至於使用在虛擬貨幣對沖基金上的投資策略表現比較,2020表現最優異的是多頭策略(Multi-Strategy),回報率約接近300%,

緊跟在後的是多空策略及多重策略，均超過約100%。投資者在對沖基金最普遍交易的虛擬貨幣第一位Bitcoin，佔超過90%，其次是ETH、LTC和DOT，分別佔超過60%、30%和20%。市場上大約有一半的虛擬貨幣對沖基金都會使用衍生性金融工具幫助交易。由於去年牛市的關係，導致投資者大大減少賣空的情況，百分比下降約20%，反之選擇長期持有的情況有上升的趨勢。

虛擬貨幣基金的成立
與Bitcoin的價格升跌副息息相關

　　Elwood是一家於2018年成立的投資公司，根據他們2020年的Annual Crypto Hedge Fund Report，在150種虛擬

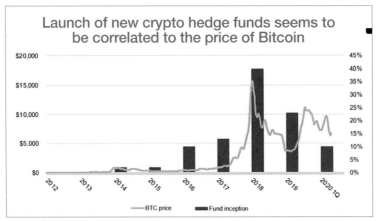

（圖片來源：pwc elwood annual crypto hedge fund report 2020
參考網址：https://www.pwc.com/gx/en/financial-services/pdf/pwc-elwood-annual-crypto-hedge-fund-report-may-2020.pdf）

貨幣基金當中，有三分之二都在2018至2019年成立，可以清楚看見虛擬貨幣基金的成立數目是隨著Bitcoin的升幅產生變化的。2014年起Bitcoin價格開始上升，虛擬貨幣基金的需求便跟著增加，2018至2020年Bitcoin價格呈下降趨勢，基金的需求量立刻成正比地大幅下跌。

交易對手風險
(Counterparty Risk)

有時候，投資者太專注市場波幅和金融商品的品質和潛在風險，忽略了來自交易對手的潛在風險。若交易對象違約，無法執行合約條款裏的義務，就是信用風險。2008年，雷曼兄弟控股公司（Lehman Brothers Holdings Inc.）為美國四大投資銀行之一，也曾被財富雜誌選為財富500強公司之一，全球員工人數超過26,000人。但是，受到次級房貸風暴連鎖效應的影響，財務受到嚴重虧損的打擊。雷曼兄弟於2009年9月15日宣布破產，9月17日股價低於US$0.10，其發行的迷你債券價格直線爆跌（雷曼兄弟在港擔保的迷你債券總值 127億港元）。

投資者進行每一項交易前敬請先評估交易對手風險，不然就像雷曼兄弟事件引發的信用風險危機，公司負債倒閉，投資者變苦主血本無歸。

虛擬貨幣基金
必讀手冊

第3章：虛擬貨幣基金
的未來

7. 虛擬貨幣基金 的商機與發展動向

　　資誠聯合會計師事務所（PwC Taiwan）是跨國會計師事務所PwC在台灣的聯盟所，主要提供審計、稅務及顧問諮詢服務，策略合作夥伴包括資誠企業管理顧問公司、資誠永續發展服務公司、資誠智能風險管理諮詢公司資誠稅務諮詢顧問公司、普華國際不動產公司、普華國際財務顧問公司、普華商務法律事務所、資誠人資管理顧問公司、資誠創新諮詢公司。PwC於2021年5月發佈了「金融業支付未來趨勢報告」（Payments 2025 & beyond - Navigating the payments matrix）。報告指出，很多消費者正在減少接觸鈔票或零錢，希望藉著零接觸支付避免接觸真鈔而受到感染，取而代之是比以往更頻繁地使用電子付費。2020年至2025年間，全球無現金交易量將達到80%以上，從大概1兆筆交易增加至將近1.9兆筆交易（增長約超過100%）。2025年至2030年，全球無現金交易的交易總量將達至3兆筆，是當前水平的2至3倍（增長約超過70%）！換言之，金融行業在新冠疫情

（COVID-19）的影響之下漸漸轉型，並且處於一個非常關鍵的過程，金融服務行業的重心已經漸漸變成電子支付。

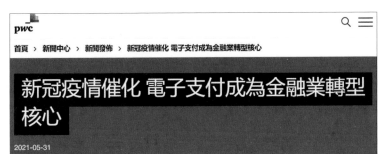

圖片來源：https://www.pwc.tw/zh/news/press-release/press-20210531-1.html

以下根據資誠聯合會計師事務所的資料來源「金融業支付未來趨勢報告」的調查中，當中成長速度最快的將會是亞太地區，接著的排行是非洲、歐洲、拉丁美洲，美國及加拿大的成長較慢。資誠聯合會計師事務所金融產業服務會計師暨電子支付業務負責人羅蕉森表示："COVID-19的大流行強化了數位支付的發展，並且可能加速推動未來三到五年的成長。消費者的付款方式越來越朝向無現金，數位支付的加速轉型將為整個支付生態系統創造新的機會，包括銀行在內。而隨著新的商業模式出現，金融服務業必須重塑支付的基礎設施。除了無現金社會的趨勢，金融服務業還需要關注更重大的變化。消費者不僅要告別傳統的商品和服務付款方式，包括支票和發票，而且整個支付基礎設施都在重塑。"

重塑涉及兩種趨勢：

1. 支付系統的前端和後端的革命（包括賬單支付、付款請求、即使支付、塑膠貨幣和數位錢包）
2. 支付結構和生態系統產業發生結構性的革命（包括Buy now，pay later "先買後付"、虛擬貨幣及發展中的中央銀行數位貨幣。現時有採用此支付結構的平台有Atome、Hoolah、ClearPay/AferPay和Klarna等等，商店有ASOS及H&M等大型商戶）

2020年至2025年間的無現金交易總量成長率	
亞太地區	109%
非洲	78%
歐洲	64%
拉丁美洲	52%
美國及加拿大	43%

2025年至2030年間的無現金交易總量成長率	
亞太地區	76%
非洲	64%
歐洲	39%
拉丁美洲	48%
美國及加拿大	35%

數據來源：https://www.pwc.tw/zh/news/press-release/press-20210531-1.html

其調查認為，金融服務業的各個團隊需要為未來打下基礎，做足充分的預備。首先，是普惠金融與信任。估計到

2025年，主要通過在印尼、墨西哥及巴基斯坦等發展中國家的新興市場普及化（發展中國家的移動設備和可負擔得起的便捷支付機制可持續普惠金融），智慧型手機的普及率很大機會在全球範圍達致80%。其次就是數位貨幣、電子錢包、支付平台的競爭、跨境支付及金融犯罪。央行數位貨幣（CBDC）將會在未來20年內產生最大的破壞性影響，接受這次調查的受訪者當中有86%同意或強烈同意傳統支付提供商將會與金融科技和技術提供商合作，成為創新的主要來源之一，而接受調查的支付高層專業人員期望在支付基礎設施方面實現重要的區域發展。在這個基礎上，信用卡和其他交易可在基於聯合賬戶的支付平台或系統上運作（如拉丁美洲、東南亞及歐洲等國家）。有42%的受訪者強烈認為在未來5年間，跨境、跨貨幣即時付款及B2B付款將會加速發展；銀行、金融科技公司及資產管理公司在進行技術整合的策略時，最關注的議題是資訊安全、法遵和數據隱私風險。

在支付服務業方面，PayPal在2020年底開放了用戶持有與買賣多種虛擬貨幣，並且在2021年3月著手支援美國使用虛擬貨幣付款，8月開放了英國用戶進行交易和買賣，但還未發展到付款的功能。除了Paypal之外，Master Card及VISA這兩大發卡組織也相繼推出與虛擬貨幣相關的信用卡。VISA在2021年7月公佈，公司已經和超過50家虛擬貨幣公司相互配合，允許用戶透過使用VISA信用卡進行交易，這說明還未

支持虛擬貨幣的商家或企業也可以透過使用VISA信用卡接受顧客以虛擬貨幣進行交易。

近期，港運營的FTX自從進行9億的融資，公司估值差不多達180多億。多家香港的虛擬貨幣公司擠進了世界虛擬貨幣世界排行交易榜前十，在全球的虛擬貨幣行業佔有舉足輕重的一席之地。如今，華爾街已開始被動認授或主動接納，多種虛擬貨幣基金開始成立，例如美國萬通保險和Tesla。目前全球有1億人在參與虛擬貨幣交易，數位化越來越能發揮到關鍵作用。

2021年10月28日，Facebook舉行Connect 2021，正式宣佈Facebook公司改名為Meta，未來將以元宇宙為經營重心，12月1日起Facebook的股票代號將改為MVRS。現在大部分內容創作由玩家及專業人士創造，但Metaverse正式推動後，創作方式將變成利用大規模AI輔助創造，包括設計程式、繪製圖像和動畫等等，並永續性地生產，如Tom Gruber（語音助手Siri共同創辦人）創建了LifeScore音樂平台，只需輸入一段音樂素材便會自動編曲，還有AI Dungeon（文字冒險遊戲）亦有使用GPT-3自然語言模型自動編寫故事。可見其未來發展會不斷回應並滿足創作者的不同需求，協助創造更多內容。而區塊鏈則有望被應用於所有數位內容、貨幣的儲存及防偽，例如The Snadbox（區塊鏈遊戲平台），所有人都能在平台上體驗買地與販售，自己創造的各類遊戲

的所有交易記錄都會被記錄於區塊鏈，這模式可能會成為Metaverse的基礎。

Metaverse這個字最早出現在美國小說作家Neal Town Stephenson1992年出版的科幻小說「Snow Crash」，意思是「完全虛擬的世界，而人們在其中可化身為各種存在」，是一個集體虛擬的共享空間，打破虛擬世界與真實世界之間的屏障，特點是像真度高，能夠重現現實的虛擬世界，有獨立的經濟系統。每個人都可以有自己的Avatar，玩家透過佩戴VR裝置就可以進入元宇宙的虛擬世界。Facebook已啟動萬人徵才計劃，騰訊、Google、微軟以及其他遊戲公司也在蜂擁而入。

元宇宙的出現將進一步帶動VR和AR硬體和晶片廠等供應鏈的商機，可中國媒體「百度」卻不太看好元宇宙，百度副總裁馬傑預測最快2022下半年或後年「泡沫一定破滅」，他直言元宇宙的概念正走向過度預期的頂點，現在元宇宙最需要的是冷靜和務實，發展會分為三部分循序漸進地發展及完成。第一，是實現身份、朋友和沉浸感等六要素。第二，構建經濟體系。第三，實現文明價值。

相信配合各大公司的積極發展，在未來的日子，人們的生活會更趨向在虛擬世界互動，這對虛擬貨幣的商機與發展增加更大的潛力，並在受到新冠疫情的催化之下，以不可估量的速度蒸蒸日上。

2. 虛擬貨幣基金與實體經濟

　　與其問虛擬貨幣是不是真的可以取替法幣，倒不如說是人類的生活形態越來越趨向數位化，實體經濟和傳統交易買賣漸趨虛擬化。

　　虛擬交易已經涉獵甚廣，從前用一張張大紅鈔票，變成習慣頻繁使用電子錢包、電子支付模式，線上刷卡的支付系統多不勝於，支付寶和微信就是被廣泛使用的二大電子支付平台。支付寶是中國最大的獨立第三方支付平台，許多人已將它取代現金和信用卡。支付寶用戶終端機與支付寶伺服器之間的連接使用128位SSL加密通信，安全保障較高。而微信是基於社交的軟件，基於新年派紅包的習俗，騰訊於2014年1月27日推出了微信紅包功能。微信支付主要有兩種運作模式，第一種是與電子商務的購物網站合作，在用戶購買產品後通過調用微信支付進行在線支付。第二種是與下線的商家合作，讓用戶通過掃二維碼交易。支付寶與微信支付最大的特點就是操作簡單，亦避免人們出門忘記帶錢包的煩惱。

　　因此，現在已不是思考「虛擬貨幣應否成為主流支付模式」的階段，而是現在根本不需要花實體鈔票就能付錢，有人開始使用Bitcoin交學費、買車買房屋，還有兩千萬Xbox遊戲賣場玩家可以用微軟點數在Netflix租看電影。數位形式的虛擬貨幣在不知不覺中入侵實體經濟是毋庸置疑的，但是各國的政策、法幣、虛擬貨幣、實體經濟之間的關係息息相關，若虛擬貨幣真要取替法幣，或許需要一段的時間。

　　如果未來大部分人都使用虛擬貨幣作日常生活的消費途徑而不再使用法幣，國家的法幣存庫就會上升，價值就會下跌，站在國家的立場是相當不利的。以美金為例，沒人用美金消費，國家的貨幣流動性就會大幅削減，變相削弱了國家經濟發展。因此，不少國家開始研究發行自己的虛擬貨幣，像中國現正研究發行數字人民幣（E-CNY），由中國人民銀行發行自己的虛擬貨幣，目的是補充人民幣現鈔漸漸被減少使用的狀況，也可以間接控制實體經濟。中國人民銀行府副行長范一飛在「關於數字人民幣MO定位的政策含義分析」一文中宣稱：“數字人民幣採取可控匿名機制，人民銀行掌握全量信息，可以利用大數據、人工智能等技術分析交易數據和資金流向，防範打擊洗錢、恐怖融資和逃稅等違法犯罪行為，有效維護金融穩定。”要掌控經濟發展，國家不希望人民使用Bitcoin這種虛擬貨幣，防範不法份子利用虛擬貨幣洗錢及難以追踪他們的犯罪途徑和路線。

E-CNY，又稱數字貨幣電子支付（Digital Currency Electronic Payment或DC/EP），主要用於流通中現金，為了與Bitcoin或穩定幣這些加密資產競爭而研發，由指定的營運機構參與營運，然後向大眾兌換。E-CNY的價值和人民幣的真鈔、硬幣沒有分別。目前由中國人民銀行小規模的試點發行，正在處於內部封閉的測試試點階段。

2020年10月8日，深圳市人民政府聯合中國人民銀行在深圳市羅湖區展開了數字人民幣紅包試點，當局以抽籤的形式把1000萬元「禮亨羅湖數字人民幣紅包」的資金以數字人民幣紅包的方式發放到深圳的個人數字人民幣錢包，總數量為5萬個紅包，每個紅包的金額有200元，獲得此紅包的市民可以在紅包的有效期內到羅湖的指定商店消費。其後，中共中央辦公廳和國務院辦公廳聯合發佈了「深圳建設中國特色社會主義市場經濟先行示範區綜合改革試點實施方案（2020-2025）」規定，E-CNY不可以用來買賣黃金和美元，不可以出境使用，只可以在境內市場流通，包括投資股票和房地產市場等等的境內交易。23日，中國人民銀行就「中華熱敏共和國中國人民銀行法（修訂草案徵求意見稿）」公開徵求意見。根據意見稿的第19條，新增了「人民幣包括實物形式和數字形式」，這意味著E-CNY將會被賦予法律地位。一直到2021年，試點還在繼續進行中。1月5日，上海市同仁醫院試點E-CNY使用，第一次推出了可以脫

離手機的「可視卡」式硬錢包。2月7日，北京啟動「數字王府井冰雪購物節」E-CNY紅包預約活動；2月24日，成都啟動「數字人民幣紅包迎新春」活動，紅包數量差不多有20萬個。4月10日至23日，深圳數字人民幣試點測試人群擴容50萬。6月29日，蘇州軌道交通5號線開通，市民可以使用E-CNY客戶端掃碼購票和乘車，一天後北京軌道交通啟動全路網E-CNY支付渠道刷閘乘車體驗測試。

以中國的金融經濟為例，典型的金融危機將歷程三個階段。第一階段是流動性危機和信心危機階段，第二階段是償付危機階段，最後階段是經濟恢復及增長階段。根據人民網人民日報於2020年9月30日關於「權威訪談：擴大金融開放服務實體經濟」的報導，他們訪問了清華大學國家金融研究院院長朱民，問及如何判斷當前世界經濟形勢，中國當前如何應對。朱民表示："新冠肺炎疫情確實對全球經濟產生了巨大衝擊，我們預測2020年全球經濟增長-4.5%至5%，全球貿易增長為-15%。"許多國家都採納施行了相應的大規模行動，緩和金融經濟或面臨崩潰的情況，出台的財政政策及貨幣政策跨越了傳統「紅線」。雖然這些政策的確對穩定市場發揮了一定的作用，但是也為未來的金融經濟市場帶來了不確定性，加上經濟全球化遭遇逆流，單邊主義及保護主義上升。

問到如何看待近來國際市場對人民幣資產的需求上升、

如何評價中國金融業對外開放步伐加快的成效及金融業該如何改革創新為實體經濟服務時，朱民回應："最近，人民幣對美元匯率持續上漲，美元對包括人民幣在內的主要貨幣都出現貶值，引起國際市場關注。目前來看，美聯儲還可能將利率維持在較低水平，現在的態勢還會持續一段時間。"，"自2018年4月大幅度放寬市場准入以來，中國金融市場推出50多條具體的開放措施，金融業對外開放步伐明顯加快。多家外資機構控股境內証券公司和保險公司，多家全球性資產管理機構有意設立外資全資的基金管理公司、設立外資控股的理財公司、參與設立商業銀行理財子公司。同時資本市場雙向開放穩步推進，支付清算、信用評級等領域取消准入限制。中國金融業為國際投資者提供了一個更加開放、透明、包容、友好、便利的市場環境。"，"金融要服從服務於經濟社會發展，更好滿足人民群眾和實體經濟多樣化的金融需求。"

隨著人民幣金融資產越來越強，不少外資機構都正在進入中國金融市場，不難看出國際市場對於人民幣資產的需求正在提高。且現階段，國際金融經濟環境較不穩定，各國家金融市場的關聯性在進一步加強，資本跨境流動速度及規模比以往更甚。這非但不會緩和全球金融市場的震盪，還會令主要貨幣持續波動。未來的金融行業想要進一步開放，應付人口老化和財富保值需求，就有必要進駐多些有管理經

驗的、在健康養老及管理財富領域有豐富知識的外資機構以及更多不同類型的金融性衍生品。面對國家的金融和經濟發展，需要加快推動科技創新和產業數字化，適應數字經濟發展。在科技力量的推動之下，正在轉型的傳統銀行及金融科技公司也為推進國家金融經濟變得積極，例如互聯網銀行依靠大數據實現高效可靠的服務，不論是大型銀行還是線下業務的銀行也可以透過電子設備將用戶的數據線上化。

　　以上種種的發展，都表現了全球都在積極參與虛擬貨幣的市場，各個國家的政策和市場發展都在受到虛擬貨幣市場的影響，虛擬貨幣亦會隨著市場的活躍而有上升趨勢，虛擬貨幣基金的成立將越來越多，增加市場上的影響力。

3. 虛擬貨幣基金 與NFT

　　想要創造自己的NFT，可以從Binance NFT市場、Featured By Binance、BakerySwap或TreasureLand等Defi平台開始，可以直接在Binance智能鏈（BSC）操作，不但手續費低，交易時間也十分快速。只要輸入NFT資料並上傳數位藝術作品或檔案，支付鑄幣費即可。若希望出售NFT，也可以在多個不同的NFT市場出售。在創造個人NFT前，要先準備自己的歌曲、藝術品或收藏品，用來付鑄幣費的虛擬貨幣和虛擬貨幣錢包，必須選擇創造NFT的區塊鏈。

　　NFT是虛擬貨幣其中一個用處，會跟虛擬貨幣一起成長。現在沒有一個NFT是以Bitcoin作交易的，都是用ETH，如果有人手持ETH以外的其他幣種又想交易NFT的話，無可奈何也得把不同幣種先換成ETH。很多虛擬貨幣也想創建屬於自己的NFT，難處就是ETH一路上都與NFT有密切的關係，要與ETH競爭也不是一件易事。除此之外，也取決於該NFT的受歡迎程度，只要那NFT是大熱的話，不管掛在哪個虛擬

貨幣，也可以取得成功。不過，普遍人們都不會有這個心力做太多額外的東西，傾向繼續沿用ETH。

NFT在香港的宣傳增多，而國內對虛擬貨幣的監管又比較嚴格。NFT是以虛擬貨幣交易，日後有連鎖反應把NFT納入虛擬貨幣也不足為奇。撇除這個隱憂，NFT的全球性趨勢是上升的，有助於ETH甚至是其他虛擬貨幣的用量變大，提升價值。由於虛擬貨幣的價值與用量互相掛鈎，短期內它們的市場都將是一個牛市。

有些第三國家已在購入Bitcoin，虛擬貨幣會否變成與黃金價值相等，很難說。但虛擬貨幣將成為一個資產類別是肯定的。當虛擬貨幣的普及程度達到和黃金一樣的時候，等於支持了虛擬貨幣的價值。暫時，最大的潛在危機或缺點是法例規管、交易所的熱錢被盜竊、保安系統或技術系統的問題，反而未必是市場上的反應和外來因素的影響。雖然保安技術是個很複雜的範疇，但將來必定有更多公司提供保安系統服務。如果大眾不放棄並堅持發展虛擬貨幣，趨勢持續上升是必然之勢。

最早應用NFT的平台是Ethereum。刻下市場價值最高的100隻ICO代幣之中，Ethereum區塊鏈作為平台和使用ERC-20發行的接近90%，但是NFT採用的是ERC-721作為智能合約的藍本，區別是NFT可以追踪和確認該虛擬資產的所有權屬於誰。

Ethereum於2017年推出了一系列的像素頭像（CryptoPunks），有以太坊錢包的用戶都可以免費領取，但總數量只有1萬個，領取的人可以把像素頭像放到二手市場進行交易。六個月之後，Ethereum再推出叫做「加密貓」（Cryptokitties）的NFT遊戲，CTO Dieter Shirley是CryptoKitties的創始人，也是ERC-721的創建人。Cryptokitties的每隻貓都不會消失、被複製、盜竊和銷毀，因為它們以Ethereum的智能合約ERC-721為基礎，透過區塊鏈的記錄，每隻貓都是獨一無二、無可替代的。玩法是Ethereum平台上的用戶擁有兩個買家或以上便可以培育新貓，甚至培養出稀有品種，稀有品種當然擁有更高的價值，同時玩家之間的交易會產生出虛擬貓的價值。Cryptokitties的設計初衷是令NFT普及化，誰知在Ethereum上出現了「開動物園」的熱潮！人們紛紛創建虛擬動物，虛擬兔和虛擬狗相繼爆紅，後來再有了虛擬樹。自Crptokitties推出後經歷了幾次價格暴漲及暴跌，NFT漸漸普及。除了遊戲和遊戲設備，也產生了NFT新的用途——同時應用於KYC認證、身份認證、土地、房屋、股票債券擁有權、NFT藝術品、NFT收藏品等等。

想理解NFT，可以先透過理解NFT和同質化代幣的分別在哪裏。

同質化代幣是Fungible Token，有「可替代性」、「可

分割性」和「一致性」三大特質。可替代性是你手中的ETH
和我手中的ETH的價值和作用都一樣，不存在任何區別也不
需要額外再次定價就可以交易。第一章節介紹過的Bitcoin、
ETH、LTC等等，都屬於同質化代幣。可分割性的意思是這
些代幣能夠無窮分拆。如果Bitcoin的交易金額比Bitcoin本身
目前的價格低時，交易者可以選擇只交易0.01枚Bitcoin，甚
至0.000001枚也可以。一致性就是同質化代幣的使用方法與
日常使用的法幣一樣，有公認的價值但又不需持有多種不同
面額的法幣鈔票，一致性的特質會支援分割交易，令同質化
代幣成為了交易的另一好選擇。

非同質化代幣是Non-Fungible Token，簡稱NFT，它是
來自於區塊鏈技術的虛擬資產，以加密的形式把某特定資訊
儲存在區塊鏈之中，藉由代表該虛擬資產的所屬權在交易平
台進行買賣，與現在市面上流通的一般虛擬貨幣不盡相同。
NFT的三大特質是「不具可替代性」、「不具可分割性」以
及「獨特性」。

不具可替代性是每個NFT都是獨一無二的和不可替代
的。不具可分割性是每一次的交易都是一枚代幣，不能像同
質化代幣一樣分拆。獨特性就是基於以上的兩個特質，NFT
具有防止偽造的功能，日後更有機會成為可流通的數位收藏
品，種類可以是球員卡、保險、數碼動畫、數碼書畫、影音
影片，甚至是虛擬時裝和遊戲中的虛擬角色！

影片來源：https://www.youtube.com/watch?v=cDk1FPoCfqI

影片來源：https://www.youtube.com/watch?v=tk5a5Se4R0Q

影片來源：https://www.youtube.com/watch?v=h4ElWm1Tckk

影片來源：https://www.youtube.com/watch?v=waNBj8o2_ks

NFT協議 ERC-721

　　ERC-20是Ethereum區塊鏈其中的代幣規格協議，如果在Ethereum平台上有兩種代幣都是以ERC-20發行，那麼這兩種代幣便可以自由進行買賣交易（同質化代幣）。透過ERC-721發行的代幣就是NFT，是Ethereum用來針對非同質化代幣的第一個協議標準，比起ERC-20，遊戲、票務、身份證明、知識產權、金融文書、實體資產等等的應用場景更多樣化。ERC-21賦予了NFT獨特性，一切數字資產在ERC-21的協議之下，包括所有汽車、債券、房子、藝術畫作，都能夠確保所有權的安全性、轉移便利性及所有歷史權的不可刪改性和透明度。ERC-721現時應用於Decentraland和CryptoKitties等遊戲項目。

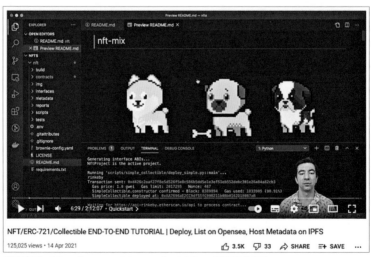

影片來源：https://www.youtube.com/watch?v=p36tXHX1JD8

影片來源：https://www.youtube.com/watch?v=YPbgjPPC1d0

NFT協議 ERC-1155

透過ERC-1155，智能合約允許一次傳送不同類型的代幣，不僅讓不同類型的代幣不需個別代幣批准不同的獨立協議才能進行交易（可以直接基於此協議交易），直接進行同質化代幣和NFT之間的積極流動，還可以儉省傳輸費用（Gas Fee）！如果創建新代幣時使用舊的獨立協議，不但佔用了Ethereum上很多資源，還限制了代幣與代幣之間的流動性。所以不管是ERC-20還是ERC-721，創建任何一種代幣時都需要擁有獨立智慧合約。

基於NFT具備以上的幾種特質，令NFT與一些範疇例如遊戲、藝術品、電子存證或身份認證等等，非常切合。

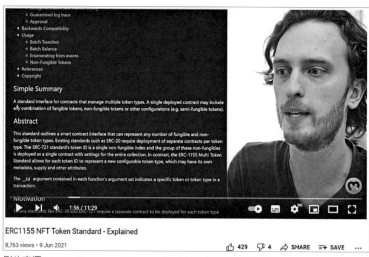

影片來源：https://www.youtube.com/watch?v=XNWd8Nl3rhA

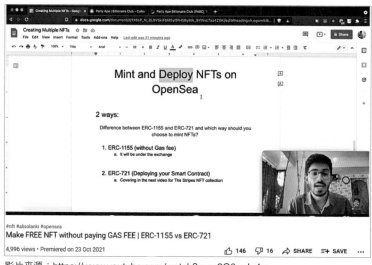

影片來源：https://www.youtube.com/watch?v=e-2G6-oJg4w

信任度

透過NFT，我們可以進行資產身份確認（又稱密碼學確權）。

流動性

當各式各樣的藝術品以NFT形式保存在區塊鏈上，能增加收藏品防止偽造的安全率之外，傳統資產透過資產身份認證後，將大幅增加流動性，比方說交易流轉及實物確權的效率。

一些NFT的交易例子：

2021年3月11日，數碼藝術家網絡化名Beeple，於佳士得（Christie's）拍賣了他的集錦作品——"每一天：前5000天"（EVERYDAYS：THE FIRST 5000 DAYS）。這幅畫是由每一天的作品合併而成的巨型JPEG（圖像文件格式），最後以非同質化代幣的形式拍下天價，成交格為6934萬6250美元，約5.5億港元，讓Beeple被名為在世最有價值的前三大畫家。

美國樂隊林肯公園的聯合主場兼創辦人Mike Shinoda把自己製作的一段音樂作非同質化代幣拍賣，最終成交價為3

萬美元。Mike將拍賣後獲得的資金建立了獎學金資助經濟有困難的藝術學生。

非同質化代幣已打入NBA市場，可以購買NBA TopShot，包括籃球比賽中具有標誌性的名片段和數位NBA球員閃卡，如Lebron James的NFT球員卡就價值25萬美元，可見NFT的市場有多麼狂熱！（目前暫不支援台灣玩家）

Twitter的CEO Jack Dorsy曾經在Twitter上發佈了內容為"just setting up my twittr"的帖文作為NFT，當時被出價250萬美元。

藝人余文樂先生早前在Christie's舉行，主題「No Time Like Present」的拍賣會中，把收藏的NFT珍藏品公開拍賣，並將部份收益捐贈「願望成真基金」。珍藏品包括Larva Labs創作的「CryptoPunk9997」（以3385萬港幣成交）和「Meebits」、Yuga Labs創作的「Bored Ape Yacht Club（BAYC）」。

美聯社（Associated Press）於2021年10月21日宣布與Chainlink合作，將會為Chainlink提供經濟、體育賽事和商業財務等等的數據，令區塊鏈上的智能合約可以安全地和更多現實世界的數據進行互換。其實美聯社已不是頭一次進駐區塊鏈市場，2020年10月，美聯社與Everipedia（區塊鏈新創公司）合作，將2020年美國總統大選的國家和州競資訊放到區塊鏈上。

2021年10月21日，美聯社在Binance發售稱為The Ap Unique Moments的NFT盲盒系列（Mysterybox神秘盒，類似抽獎的機制，裏面有隨機的數位作品），為美聯社過去100年來對世紀歷史時刻的報導照片，當中包括日本二戰投降、南非已逝總統曼德拉的就職典禮及冥王星的發現等等，可見這個悠久歷史的媒體企業也非常踴躍參與虛擬貨幣市場這個範疇。

當智能合約需要使用區塊鏈上沒有的資訊時，就需要預言機取得正確的資訊去保證智能合約一切運作正常。Chainlink是去中心化的預言機系統（Oracle），協助區塊鏈以外的資訊傳送給區塊鏈上的智能合約，等於是現實世界和區塊鏈（虛擬網絡）之間的資訊橋樑。

Chainlink Labs的總經理William Herkelrath對這次的合作表示："美聯社有著龐大且不斷增長的時間及數據儲存庫，透過結合Chainlink預言機節點，並支持智能合約行業的創新發展是相當有意義的。"

美聯社透過推出chainlink節點，便可以將數據透過加密簽名驗證它們來自美聯社，直接供應給各個區塊鏈上運行的協議。智能合約的開發者可以通過這些更精準的數據淘汰掉較高風險的數據來源，開發和強化更多區塊鏈上的協議。美聯社的自身優勢在於他們的現實世界資訊非常準確並即時，包含的範圍也很廣，提供的數據有經濟數據、政治狀況、運

動賽事、商業資訊及財務狀況等等。

NFTX

　　NFTX是一個主要以NFT為資產儲備的指數基金（Index Fund），可以將NFT收藏品/產品當成資產儲備，以此來發行ERC-20代幣的平台。這些代幣就是指數基金，像所有ERC-20一樣，可替代和可組合。通過NFTX平台，為CryptoPunks、Cryptokitties或Avastars等收藏品創建指數基金，然後放在像是Uniswap那樣的去中心化交易所交易投資者喜歡的收藏品的基金。這樣做可以讓投資者不用參與遊戲也能有機會從中獲得取利益，進一步提升NFT市場的流動性。

　　NFTX在網站中表示幫助NFT資產定價和發展數位土地的抵押貸款是NFT數值基金未來的兩大發展方向，基金指數可以改善NFT領域最大的缺點——「價格發現」（Price Discovering）。

　　NFTX上有兩種類型的基金，第一種是D1基金，第二種是D2基金。

　　D1基金在單一NFT合約跟ERC-20之間有著1：1的支持。試舉一個D1基金工作原理例子，一投資者擁有3個Hashmask作品並將它存入Mask D1基金，獲得Mask代幣。

投資者得到的代幣便可以在Sushiswap進行交易。Hashmask存入D1基金意味著投資者放棄了屬於自己的Hashmask所有權，但同時釋放了Hashmask的流動性。但如果投資者的Hashmask大受歡迎的話，放到D1基金就未必是一步好棋，因為在Opensea交易或許能獲得更大的利益。相反，對於其他價值不太高的Hashmask存入D1基金反而為這些資產帶來不錯的流動性。D1基金有一個缺點，就是它不是按比例體現所有Hashmask的價值，而是綜合體現所有Haskmask的平均價格，導致這個基金的NFT成分中不算太受歡迎。

D2基金則是混合了多個D1基金的Balancer基金池，主要讓投資者投資綜合價值，同時不需要持有多種虛擬貨幣。舉例，如果Avastr是一個D2基金，它會將三個不同的D1 Avastr（AVASTR-BASIC，AVASTR-RANK-30和AVASTR-RANK-60）結合，目的是在不要求投資者持多個令牌的情況下得到多種D1基金的所有權。NFTX要從D1基金開始，主頁會列出相當具備的基金，但當投資者建立了D2基金，主頁就可以把展示重點轉移到這些基金。登錄NFTX的主頁後可以看見CryptoPunk、Axies、Cryptokitties及Avastars等等的NFT藍籌股支持的基金指標。NFTX的目標是希望針對NFT領域，NFTX可以像CoinMarketCap平台一樣，成為頂尖NFT基金的所在地。創建新基金時，發送交易的賬戶會被指明為基金經理，給創建者更改基金參數的許可，例如費用、NFT資格和

供應商激勵等等。

根據鏈聞Chainnews採訪CryptoPunk#5855的所有者的獨家採訪結果："他們告訴我們，2020年12月使用DappRader NFT價值估算器約為6000美元，以一個在2019年12月以132美元的價格購買的punk為參考，實際上在過去的12個月裏，punk的價值已經有了大幅上升。在2021年1月7日，即NFTX推出僅兩天後，DappRader價值估算器的估計價值為9850.56美元。據所有者稱，這比NFTX發行前高出約4000美元。"

2021年8月初，三箭資本以巨額美元購入CryptoPunk，27日以1800個ETH（約570多萬美金）購入一枚Art Blocks NFT，至今這個成交價仍舊是Art Blocks NFT在二級市場最高的售價。31日，三箭資本宣布成立了Starry Night Capital，一個新的基金，根據三箭資本Twitter的說法，這個基金會集中專注於「結集世界上最好的NFT收藏品」，並會與匿名的NFT收藏家Vincent Van Dough合作來達成這個目標。

根據Decrypt的報導，三箭資本的創辦人Kyle Davies證實Starry Night Capital的首要目標是籌集到1億美元。Vincent Van Dough也在自己的Twitter上回應了對合作的想法："我們相信在NFT帶來的文化典範轉移中想要獲得曝光，最好的方法是擁有大眾最想要的頂級系列產品。"三箭資本成立Starry Night Capital基金的目標不知道獲得NFT市場的投資回報及價

值，還希望為NFT社群作出貢獻。Vincent Van Dough在twitter又言，"我們目標在年底推出一個NFT教育網站，探索為新興藝術家帶來更多曝光方法，並在大城市設立實體的虛擬畫廊，向大眾展示我們的收藏品。"

藉由教育和設立展覽的方法，開拓更完整、完善的NFT生態系統。當吸引到更多投資者的資金進入NFT市場，資金流動更順暢，便可以提高NFT的價值。提高NFT的價值後又可以令本來已經理解和認同NFT原理、價值的人變多，這樣的循環便可以讓三箭資本輕鬆達到1億美元的目標。

全世界剛開始做交易時都是使用美金，尤其是所有石油交易，美金自然有一定的支持。同樣地，ETH就是受惠於同一方式，ETH的價值因NFT的交易量越來越高而受到支持，絕對是基金裏除了Bitcoin以外，主要投資的虛擬貨幣。雖然NFT可以被估價，但它更需要被購買才能擁有價值，NFTX則可以改善這一點，開拓全新的方式看NFT的價值！

4. 虛擬貨幣基金
與世界大同

　　2019年6月，Facebooook宣佈在2020年推出自家虛擬貨幣Libra，期望Libra的出現能讓全球民眾創造全球性、簡單的金融基礎設施，人們不需攜帶現金和信用卡，更不需要在銀行開戶。Libra與PayPal、Uber、Stripe、Visa等大公司均有合作。但是，礙於Facebook對全球社交網站的影響力甚大，美國政府官員以及銀行害怕Libra威脅美元地位，均反對Libra推行。因此，計劃從Libra轉成Novi，模式變成與數位錢包互動，而不是初期成為全球數位原生貨幣的想法。Facebook改名Meta，或許仍然在盤算結合Facebook虛擬貨幣。未來Facebook的各種佈局如VR和AR、遠距醫療和線上服務等等，VR虛擬實境頭戴裝置讓Metaverse與數位分身感受親臨其境的沉浸式互動，而AR擴增實境眼鏡未及VR的沉浸感，但不排除未來技術與成本或應用可能性因素讓AR輕便型裝置成為主流配備，再配合Metaverse的基礎貨幣，或能成為虛擬貨幣的一大里程碑。

這次，Ayasa Globo為了讓投資者有更大的思考空間，訪問了在東京的資深投資者Mr.Lai對虛擬貨幣基金與世界大同的個人見解：

"虛擬貨幣在十多年前已經出現，bitcoin創始人神秘的身份令大眾多年來存在不少對bitcoin的疑問。至今依然有部分人認為bitcoin只是一串沒有意義和價值的代碼。我個人認為，10年前的虛擬貨幣沒有得到太多支持，但這十年內有投資者發覺bitcoin有一個很大的用途，就是「Storage of value」，投資者可以把自己的資產輕鬆轉移或傳送，不需涉及銀行之類的第三者。

人類由古至今，都以黃金作為價值的象徵。黃金的價值較穩定，但黃金的外型、重量和交易上也是轉移黃金的阻礙。把資產或財庫轉移到另一國家需要填寫很多資料，需提供不同的資料給銀行，而銀行有拒絕的權利。現代人分析後，認為這是一個繁複且不必要的程序，以前的網絡科技沒有現在發達，無法避過銀行的程序，但出現虛擬貨幣後直接解決了這個問題。雖然沒有了銀行還是需要付傳輸費用，但傳輸費用與傳統金融服務的收費比較之下，簡直是天淵之別！無論傳送100萬還是2億，傳輸費用都是一樣的，傳送也只需極短時間，但銀行至少需要一天才能完成。

每個交易所都有提供自己的錢包，也有很多手機應用程式提供虛擬貨幣錢包，像銀行一樣，持有者把財庫都放在

一個安全位置。如果市場出現金融問題出現，甚至是金融災難，國家不停印鈔票救市，導致傳統貨幣會不斷貶值，有很多財庫的人通常會寧願將所有財庫放在自己的保險箱還是銀行？答案顯然易見。傳統金融經濟就是會出現這些問題，但Bitcoin的分別很大，Bitcoin的數量是有上限的，今時今日有很多Bitcoin遺失了、消失了，但即使把Bitcoin的交易單位分割到最盡，它也不會是無限的，就等同現在全球的流動資金一樣。

投資者對虛擬貨幣如此感興趣的最大原因，是因為虛擬貨幣不斷升值，投資者看到它的市場價值，認為投資虛擬貨幣比股票市場的利潤高很多倍。虛擬貨幣要零風險投資是不可能的事，在Bitcoin的市場圖表裏，能看到它升了幾百倍，同時也看到它跌了幾百倍，但整體來説，到現在為止還在維持上升趨勢。

投資策略方面，每個人的投資策略都不同，像有些人會把50%放在藍籌股，把另外50%分散投資不同的傳統金融商品。跟投資虛擬貨幣基金一樣，很難説哪一個投資策略最好或最低風險，完全視乎市場當下的狀態和國家的監管程度。

互聯網剛開始蓬勃時，也有不少機構想打擊發展，原因是互聯網可以令犯罪團體自由溝通和散播不良意識。但是我個人認為，沒人任何人能阻止科技發展。人類會不斷追求新的科技，不斷將地球「 細」，意思是當網絡越來越大，地

球就會越來越細。縱使有很多監管者或監管機構想管制虛擬貨幣，也未必會成功。有人認為中國創建E-CNY是想抵制別人家的虛擬貨幣並拿回市場的主導權，但實質上中國創建的E-CNY不能算是虛擬貨幣。虛擬貨幣的定義是去中心化，不受特定的人控制，E-CNY由政府控制，自然沒有達到成為虛擬貨幣的首要條件。

國家越管制虛擬貨幣，虛擬貨幣的市場就越有吸引力。當機構和團體無法阻止互聯網發展，只能選擇適應。跟虛擬貨幣的狀況一樣，很多監管者想抑制市場交易，例如日本允許虛擬貨幣交易但要納重稅，導致很多在日本做虛擬貨幣交易的人選擇移至新加坡。

可見國家對虛擬貨幣存在意見但都未能控制市場發展。相信以後還會有很多機構試圖管制虛擬貨幣，不想它太過影響傳統金融市場和傳統貨幣，但他們無法真的成功。在未來20年（或更早），虛擬貨幣將更融入人類的生活。現在每一天有大約250萬個新帳戶在交易所註冊，當然，當中有一些已有舊帳戶，但即使有一半是重複用戶，還是有過百萬的新帳戶在加入虛擬貨幣的市場！暫時認受性最高的地方是南美洲、東南亞國家和加拿大。

虛擬貨幣與傳統金融市場最大的差異，是虛擬貨幣始終未普及化，亦未受到真正的監管，導致很多騙案發生。另外，虛擬貨幣需要用到的技術和步驟很複雜，不懂IT的人很

難掌握。對於市場來說，最大的阻礙暫時是信任程度。以往發生過幾次駭客入侵或公眾人物/國家作出言論和政策時，虛擬貨幣的市價就立刻受到很大的影響。因此，虛擬貨幣的穩定性和可信任程度令很多投資者卻步，或許90%的投資者當自己在賭博而已，不會真的把所有財產押在虛擬貨幣身上。

至於NFT，它的用途在虛擬遊戲和藝術收藏品方面特別廣泛，未來將越來越普遍有兩大因素。第一，當人們越建立metaverse，投入的時間（尤其是遊戲方面）以及NFT能給人們在虛擬世界得到的物件給予一個價值。NFT將會成為一個虛擬交易市場。另外，NFT不同於Bitcoin和ETH，政府不能把NFT歸類為資本遊戲，所以很多富商會巨額買入NFT。當有人給予NFT價值，不管那藝術品是否是大師之作還是三歲小孩的作品，它的價值都只增無減。一些投資虛擬貨幣的億萬富翁，會把NFT當停泊工具。即是當有人擁有一幅巨額畫作，要由A國家移至B國家時，只要進入B國家就要付B國家的稅。所以尤其是擁有名貴收藏品的人，會把這個資產全部停泊在「機場」。「機場」是指一個類似叫做Demilitarized zone的儲備設施，持有人可以把這些收藏品不斷傳送、運輸，只要不進入另一國家就不需要交稅，NFT做到這個效果，打破了重稅和程序繁瑣的限制。假設Bitcoin是黃金的話，那ETH就是互聯網或一個移動網絡。"

有人認為大部分虛擬貨幣的發展只能在虛擬世界進行，

實際上虛擬貨幣可以結合一些實物，有些人會用黃金或者鑽石這兩樣貴資產來支持虛擬貨幣的價值。例如，某些國家的政府有大量的黃金儲備，先以噸作為單位計算，一安士的黃金支持一個Bitcoin，即使Bitcoin跌到價值全無，起碼還可以跟政府、平台以一個Bitcoin換回一安士的黃金，投資者可以永遠擁有最低價值，Bitcoin也不會成為一串毫無價值的代碼。將黃金、貴價商品與虛擬貨幣結合或掛鉤，就可以永遠知道持有中的貨幣的價值，也可當成是一個保障。

所有貨幣最原始是沿用「金本位」的方式以黃金支援貨幣及與該貨幣掛鉤。發起人需要有充足、大量的黃金儲備，也需要得到投資者的信任，因此一般都是以政府的規模實行。但是，久而久之演變成投資者相信發起人的信譽多於真實儲備，就像投資者相信美國的投資產品不會出現太大的違約風險、美國政府會保障市場穩定等等。黃金等貴金屬與虛擬貨幣掛鉤的缺點是，發行者需若本身沒有大量黃金儲備就沒辦法承諾投資者，研發加密貨幣的速度和可行性一定會降低。

黃金是一個舊的概念，虛擬貨幣不排除會是「未來的黃金」，虛擬貨幣就是虛擬世界裏的貴金屬，形式是一樣的。人們認為用黃金交易十分不便，一來是重量問題，二來它難以分割，所以黃金才沒能成為以物易物當中的媒介，只能成為有收藏價值和保值作用的貴金屬，因此虛擬貨幣在可分割

性的條件方面比黃金略勝一籌。或許大部分人還未能接受虛擬貨幣作為流通貨幣，但10年、20年後，虛擬貨幣被完全接受為普遍的付款形式是大勢所趨。亦有人認為，現在還未有足夠數據或研究支撐虛擬貨幣，實際上虛擬貨幣已得到許多本來屬於黃金的關注，眾多應該已存在的新金融商品或新的資產類別還未出現，也代表虛擬貨幣的發展空間很大。

當然，達到世界大同必然經歷重重難關。首先，美國本身已排斥虛擬貨幣。美元是美國經濟的一大支柱，美國再怎麼負債都能借到資金，有人會買美國的債券是基於美元的認受性，因為美元佔了絕大部分的市場交易，當全世界都接受美金，足夠廣泛的應用性對於該貨幣的價值有一定的支撐作用，虛擬貨幣也如是。當交易量越來越大，自然就會產生價值，就算虛擬貨幣的投資價值變低，持有人還可以用來買NFT、tesla。美國政府最怕的，就是過去幾百年辛辛苦苦建立的美元獨霸地位讓虛擬貨幣取而代之。而內地越是禁止買賣虛擬貨幣，反而有機會讓市場越興盛，人民轉而更小心地在海外做虛擬貨幣投資或交易。可見完全禁止是非常難的，人們總會找到方法繼續這個投資遊戲。

正正因為傳統的金融商品已不再有新意，很多傳統基金經理已開始探索虛擬貨幣這個新的資產類別。當初對沖基金開始興起時，同樣獲得廣大的關注度，普及化後又出現了PE Fund（Private Equity Fund，提前投資一些未上市的股票

或未上市的公司，預先入場）到PE Fund普及化後，投資者又開始想分散些資產配置在不同的地方。可見人人都喜歡新鮮的金融商品。傳統基金、傳統金融商品、PE Fund、虛擬貨幣基金，呈現了一個循環：由不認識到開始摸索，看見上升的趨勢後開始展開投資，從而當投資者看到對沖基金和PE Fund平分秋色，比例五五分或投資基金的類別可能有5成（尤其是私人客戶、High net worth），5成對沖基金，5成PE Fund，即使現在對沖基金都可能還是比較受歡迎，比例也可能是6：4或7：3，新金融商品會令百分比分得越來越多。

現在虛擬貨幣佔實體經濟的部分確實不多，但不排除將來虛擬貨幣市場越來越普及，虛擬貨幣佔整個金融市場的百分比就不會是現在這麼少，這是一個必然的趨勢。所有人用同一網絡、同一貨幣和交易平台，原有的貨幣系統自然會消失。到最後，這個統一的貨幣會由誰主導？或許這個貨幣不需要政府支撐，只需要每個人自己持有、沒有監管，沒有發行貨幣總量上的限制會否產生更多的問題？這些都是一些可能性和一個趨勢，到時候的發展如何，真的沒有人能估計，唯一清楚知道的是，只要當中的過程只要繼續朝著這個趨勢前進，免不了對全世界造成一個很大的衝擊，必然會遇到一次又一次的阻礙和挑戰。

歐洲在90年代，國家有各自的貨幣，有德國的德國馬克、法國的琺瑯等等，直到成立歐元嘗試與美金抗衡，各

國願意放棄自己的獨立貨幣獲得投資者的關注，統一成為歐羅。虛擬貨幣會否像歐羅的歷史一樣發展下去，是個未知數，但只要配合科技發展，實體經濟一定越依賴虛擬貨幣市場，朝著世界大同的方向邁進。虛擬貨幣達到世界大同最理想、最遠大的願景，就是全世界使用同一種網絡貨幣，全世界不分彼此。想像一下，全世界都使用同一個網絡、接受同樣的訊息、在同樣的交易平台做買賣，會是一個怎樣的光景？若未來出現比阿里巴巴、eBay或Amazon更大型的平台接受虛擬貨幣，貨幣與貨幣之間的分別就會慢慢消失，國與國之間的界限就會更不明顯。全世界無分膚色、無分國籍、無分語言，使用統一平台與貨幣，未來的世界和經濟將達到一個更高的層次！

備忘錄

Powered by AYASA Globo

Award WINNING
AI-powered investors portal

agenius.ai

Online subscriptions

Investors management

e-KYC